高速公路服务性建筑设计

主　编：顾馥保　高翟香
副主编：曹豫涛　于　瑾

中国建筑工业出版社

图书在版编目（CIP）数据

高速公路服务性建筑设计／顾馥保，高翟香主编. —北京：中国建筑工业出版社，2011.7

ISBN 978-7-112-13344-4

Ⅰ.①高… Ⅱ.①顾… ②高… Ⅲ.①高速公路-服务建筑-建筑设计-中国 Ⅳ.①TU248

中国版本图书馆CIP数据核字（2011）第129559号

本书共分五章。首先从高速公路服务性设施的发展、作用、设施内容等方面较系统地总结了服务区、收费区、监控中心等设施的设计特点与方法。其次，作为交通建筑的新类型，对建筑造型、风格、空间组合从构图与构成原理角度叙述了设计的手法。再次，从高速公路服务性设施的视觉环境、景观、绿化、照明等方面也作了深入浅出的阐述。此外，在本书的后部附有国内外各类服务性设施的实例供读者参考。

本书的出版将有助于从事高速公路服务性建筑的规划和建筑设计人员对该类建筑有较全面的了解，同时可供从事相关设计专业的技术人员参考。

* * *

责任编辑：曲士蕴
责任设计：董建平
责任校对：陈晶晶 关 健

高速公路服务性建筑设计

主 编：顾馥保 高翟香
副主编：曹豫涛 于 瑾

*

中国建筑工业出版社出版、发行（北京西郊百万庄）
各地新华书店、建筑书店经销
北京嘉泰利德公司制版
北京云浩印刷有限责任公司印刷

*

开本：787×1092毫米 1/16 印张：8¾ 插页：18 字数：269千字
2011年12月第一版 2011年12月第一次印刷
定价：**48.00**元
ISBN 978-7-112-13344-4
（20837）

写在前面

多年来配合河南省高速公路的建设，我参与了我省一些高速公路服务区、收费站等房建设计项目。虽然从建筑专业角度，项目规模不大，工程不很复杂，但作为一个新型的公建类型，服务区工程技术要求较高，分布广泛，更重要的是服务区及其管理设施不仅成为现代高速交通服务的重要窗口，而且在造型、环境景观要求方面如何达到精巧、具有独特个性就不是轻而易举的了。

在河南省交通规划勘察设计院有限责任公司合作与建议下，在他们长期实践经验基础上进行研究总结，同时通过国内外的调研，我们编写了《高速公路服务性建筑设计》一书，一则以把实践的体会条理化、理性化；其次为今后参与这类项目设计的技术人员有所参考；再次望得到有关部门与同行们的进一步关注与交流，把服务区建设得更美、更好。

本书由王丽（教授级高工）审稿，本书的出版得到了中国建筑工业出版社曲士蕴编审与河南省交通运输厅有关部门的支持，谨向他们致以衷心谢意。限于水平，本书会有很多不足之处，希同行与读者提出宝贵意见，以使本书内容不断完善。

本书由郑州大学建筑学院顾馥保教授、高翟香（教授级高工）担任主编。

副主编　曹豫涛　于瑾

参与各章编撰的有：

第一章　高翟香

第二章　曹豫涛

第三章　刘伟

第四章　曹豫涛　于瑾

第五章　于瑾

2010 年 6 月

郑州大学建筑学院

郑州大学综合设计研究院

目 录

第一章　概　论

1.1　高速公路服务性建筑发展历程

改革开放以来，我国高速公路建设得到飞速发展，应运而生的高速公路服务性的新建筑类型遍布祖国大地。如以高速公路已建总里程 6 万 km 计算，每 50km 设一个服务站，每 30km 设一个停车区，并配置相应的收费站及各干线的监控中心，就全国来统计，其数量之多是极为可观的。

1988 年 2 月，沪嘉（上海－嘉定）高速公路建成通车，是我国内地高速公路零 km 的突破，继而沈阳至大连线高速公路，全长 375km；自 1984 年 6 月开工，至 1990 年 9 月建成通车，历时 6 年零 2 个月。这条高速公路连接了沈阳、辽阳、鞍山、营口、大连等五个城市。这条高速公路的建成，初步积累了我国高速公路的建设经验。2004 年通过了《国家高速公路网规划》，到 2030 年，我国高速公路总里程将达到 8.5 万 km，形成覆盖全国、布局合理的国家高速公路网。2008 年，这个规划总里程已被调整为 10 万 km。国家规划的五纵七横国道主干线中的重要的一条纵线，我国第一条国道主干线，京沪高速公路在新世纪开始的时候，全线贯通，在我国公路建设史上翻开了新的一页。这是以高速公路标准建设贯通南北的第一线。短短 15 年中，高速公路的通车里程已跃居世界前列。高速公路从无到有，从 2000 年底已建成的 1.6 万 km 至 2007 年底，高速公路总里程已达到 5.39 万 km，几乎翻了 3 倍多（表 1–1）。

我国历年高速公路里程增长表　　　　表 1–1

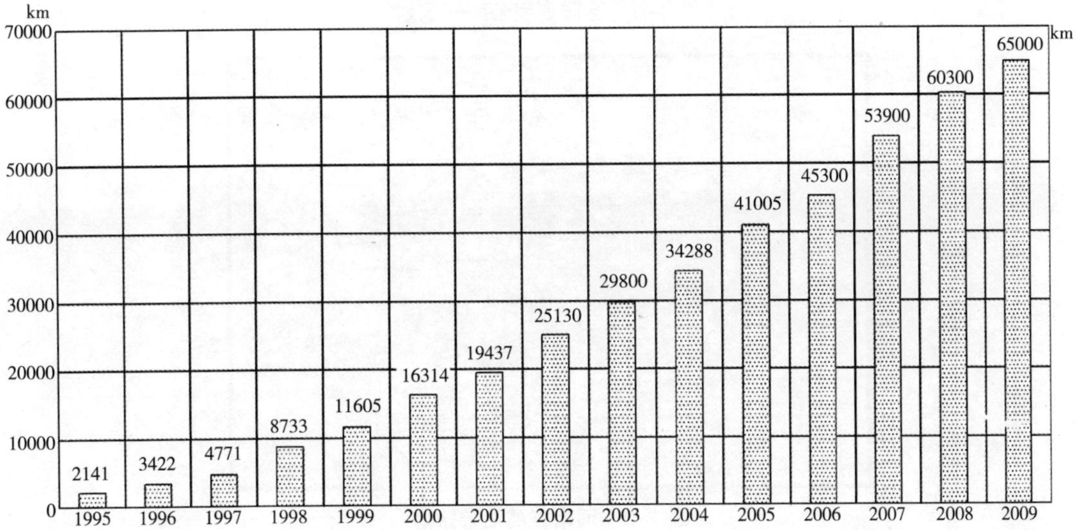

这些举世瞩目的建设成就，标志着我国走向现代化的进程，现代交通业跨上了新台阶。从我国高速公路建设的规划布局以及逐步实施过程中，可以回顾与列举一些主要的历程。

1. 以首都为中心的 7 条放射线：

北京←→上海，北京←→台北，北京←→港澳，北京←→昆明，北京←→拉萨，北京←→乌鲁木齐，北京←→哈尔滨。

2. 南北纵向线 9 条，东西横向线 18 条（图 1–1）

如纵横南北、东西穿越中原大地河南省的连云港←→霍尔果斯，北京←→珠海，北京←→港澳已建成通车（图 1–2）。

河南省素有“九州腹地，十省通衢”之称。在中部地区乃至全国交通发展格局中具有连南贯北，承东启西的重要战略地位。至 2008 年底，全省通车总里程达到 4841km，到 2010 年通车里程已突破 5000km。

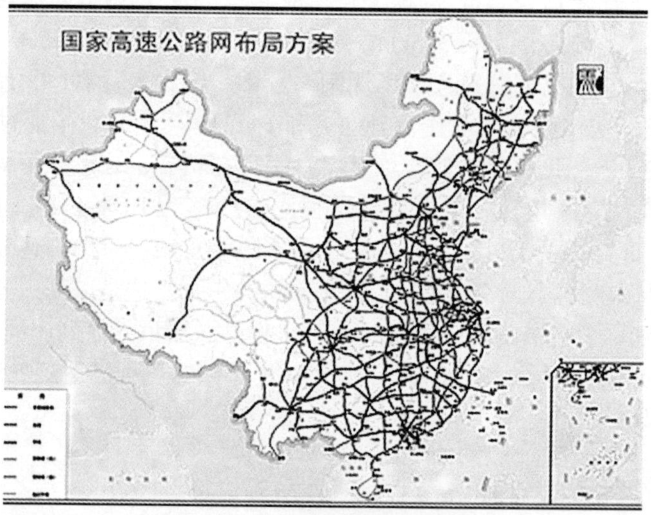

图 1–1 全国高速公路网规划

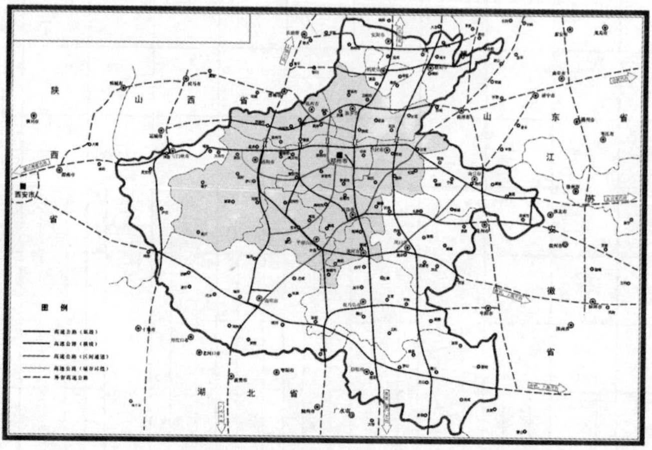

图 1–2 河南省高速公路网

其他各省的中心城市向外放射以及横连东西，纵贯南北的公路交通大动脉，总规模达8.5万km，其中主线6.8万km，地区环线、联络线等达1.7万km。

3. 从数量上看，高速公路通车里程的迅速提升，极大地改善与发展了交通运输。目前，除西藏外，各省、自治区和直辖市都已拥有高速公路，而且构成了四通八达的高速公路网络（表1-2）。

河南省"6纵8横"高速公路网 表1-2

高速公路分类	具体名称
6条南北纵向通道（共2093km）	济南—广州（河南段）、大庆—广州（河南段） 北京—港澳（河南段）、焦作—桐柏 二连浩特—广州（河南段）、三门峡—淅川
8条东西横向通道（共2813 km）	南乐—林州、范县—辉县 长垣—济源、连云港—霍尔果斯（河南段） 南京—洛阳（河南段）、新蔡—泌阳 上海—西安（河南段）、永城—登封
6条区间通道（共1374 km）	商丘—周口、兰考—南阳 郑州—卢氏、郑州—民权 郑州—焦作—晋城、武陟—西峡

从质量上看，除了全国各高速公路整体路况水平较高，达到了路面平整，构造物无破损，标识清晰到位，绿化管理完善，各干线、支线环境良好，基本上达到舒适、快速、安全、运输的要求，同时，各干线路段配置了相应的服务性设施：一方面为高速路司乘人员提供良好的服务区设施；另一方面，收费站、监控中心的建设，加强了高速公路的管理与安全措施，保障了行车安全性、舒适性。高速公路与其相配套的服务性设施构成中国大地上串串相连的珍珠项链与亮丽的风景线。

高速公路的建成，不仅大大地增加了货物的运输量，同时为人们出行提供了极大的方便。我国小轿车的产量已居世界首位，人民生活水平的提高，加之，旅游事业及自驾游的发展，据不完全统计，一次"十一"黄金周全国出行高达3~4亿人次（图1-3、图1-4）。

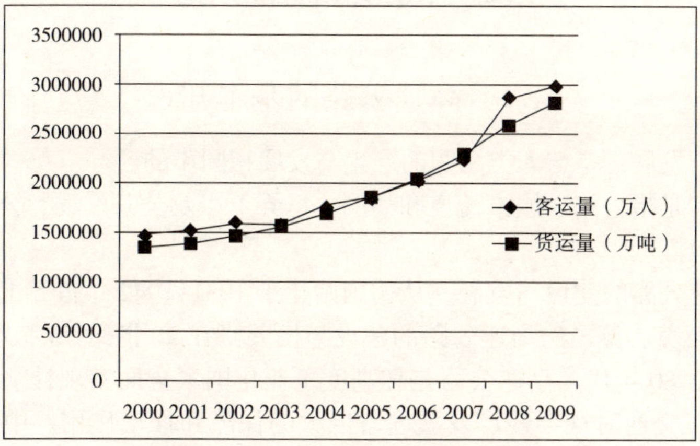

图1-3 我国公路运输量历年增长

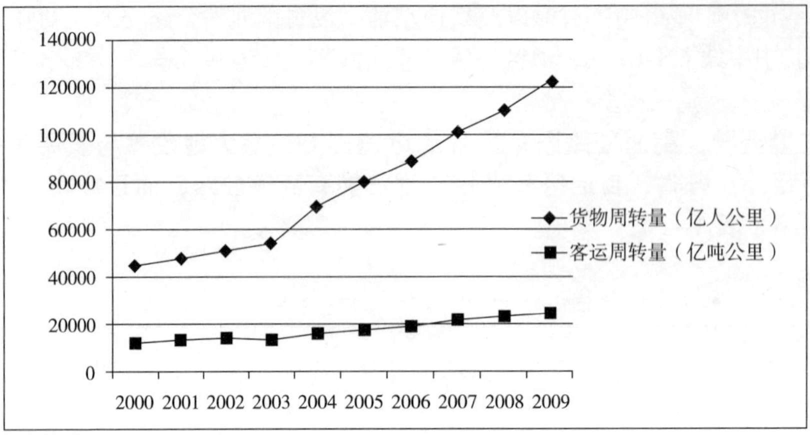

图 1–4 我国公路周转量历年增长图

一个通行能力大，效率高、安全、便捷的高速公路网是我国全面建设小康社会和实现现代化的迫切需要及重要支撑，同时又有助于我国在激烈的国际竞争中占据有利地位，提高国家的综合国力。因此，统筹考虑高速公路的建设、管理和养护，把高速公路网服务性设施的规划、设计以及与服务水平的提高结合起来，并提到与建设同等重要的位置，也是面临的重要任务。

我国交通部于 2006 年 8 月发布的《高速公路交通工程及沿线设施设计通用规范》（JTG D80–2006）中，把服务设施纳入专门章节，把高速公路服务区定义为“为连续行驶的用路者提供能解除疲劳、紧张，以及满足生理需要，或为汽车加油，对车辆做必要的检查、维修等要求，以确保行驶安全、舒适”的场所，是我国高速公路设计的基本准则。

此外，美国国家公路与运输协会编制的《主干公路与高速公路服务区建设指南》，日本道路公团 1991 年编制的《高速公路设计要领》，参照世界各国的相应规则、指南并结合我国建设高速公路的实践与研究，不断地修订、完善规划、规范等，将是一项长期而系统的工程。

1.2 高速公路概述

1.2.1 高速公路的基本知识

道路的出现与发展，是与人类文明的产生与发展相同步的。

道路的定义“是指公路、城市街道和胡同（里弄）以及公共广场、公共停车场等供车辆、行人通行的地方”。

世界各国高速公路的建设与发展，从德国始建于 1931~1942 年世界上第一条波恩至科隆的高速公路，而美、英、法高速公路的建设与发展当在 20 世纪 50~70 年代，日本、韩国当在 20 世纪 60~80 年代。高速公路是在高度工业化国家全面实现社会经济现代化的同时而进行的。公路交通对社会经济发展起着巨大的保障和推动作用。中国在改革开放的 20 世纪 90 年代至今正面临着大发展的时期（表 1–3、表 1–4）。

世界排名前 10 位的国家公路总里程 表 1–3

位次	国家或地区	总里程（km）	高速公路（km）	主干道或国道（km）	次干道或区道（km）	其他道路（km）	铺面率（%）	路网密度（km/100km²）
1	美国	6238500	88500	558000	692000	4900000	59.5	64
2	印度	2009600		34600	1140000	835000	50.1	61
3	巴西	1939000		115000	234000	1590000	9.2	23
4	中国	1185789	3422	15909	928737	237721	90.9	12.4
5	日本	1144360	5860	57500	121000	960000	74.0	303
6	加拿大	1021500	19000	249000	288000	465000	35.1	10
7	俄罗斯	949000		533000	416000		78.8	6
8	澳大利亚	895030	1330	46300	834000	764000	38.6	12
9	法国	812700	9140	28560	355000	420000	92.2	147
10	德国	650700	11200	41700	86800	511000	99.0	182

世界排名前 10 位国家汽车拥有量 表 1–4

序号	国家	合计（辆）	小客车（辆）	大客车（辆）	大货车（辆）	每百人拥有汽车（辆）	每百公里公路拥有（辆）	每百人拥有小客车（辆）	每百个家庭拥有小客车（辆）
1	美国	206287139	129748704	697548	75840887	76.7	3270	48.6	180
2	日本	70818364	49896326	23701	20684337	56.0	6100	39.4	100
3	德国	44127165	41673781	83285	2370599	54.0	6725	50.6	170
4	意大利	33995500	31000000	75500	2920000	59.1	5193	53.9	144
5	法国	32300000	26800000	82000	5418000	55.3	3616	44.2	110
6	英国	24796000	22115000	80000	2781000	43.9	6700	39.2	90
7	俄罗斯	22537600	17631600	628300	4277600	15.4	4400	13.7	30
8	西班牙	18553375	15297366	50035	3205974	46.7	5350	38.5	150

1. 高速公路与普通公路的区别

（1）汽车专用。普通公路机动车与非机动车，虽进行分设，甚至有隔离栏栅等，但往往同向之间，交通混乱，影响车行速度，夜间行车更是双向眩光，刺目耀眼，行车困难。高速公路设计中采取了一系列设计措施，保障了各类行车速度与通行安全。

（2）分道行驶，标识清晰，方向感强。双向行驶，车道划分明确，各交叉路口由平面交叉变为立体交叉，增设了立交转盘，标识清晰，方向明确。

（3）完善的服务设施。高速公路的高质量与维护、管理、清晰的标识、安全保证以及沿途停车区、服务区完善的服务设施，其突出优点是：

①行车速度高，通行能力大。

②安全性强，降低交通事故率。

③运输效益提高。

高速公路存在问题：

①投资大，造价高。一般平原地区、丘陵地区、高山地区相差更大，据统计每公里造价为 3000~6000 万元。

②影响环境，占用土地较多。

2. 高速公路的作用

（1）高速公路改善了综合运输结构。高速公路改变了以往公路运输在综合运输中只具有短途、零散、中转功能的附属地位，使公路运输灵活、机动“门对门”的优势得到了完全的发挥，在现代化、高起点上成为骨干运输力量。快速、直达的货物运输和舒适、安全、快速的旅客运输提供了最佳运输方式。

高速公路实现了快速运输发展，提供了运输结构的变化与合理调整，在以铁路、公路、航空、水运和管道五种运输方式中发挥了主力军作用，显示出强大的生命力。

（2）高速公路的效益与意义

1）运输成本低，降低能源消耗，有利于集约利用土地资源，具有良好的投资效益，社会效益与环境效益。

2）带动相关产业如钢铁、水泥、木材、石料、沥青等和劳动力市场与就业率上升。

3）带动沿线地方社会和经济发展。

4）有利于城市与卫星城镇的同步开发，舒缓大、中城市人口、交通密度的压力。

5）有利于国防。

3. 高速公路行车的特点与服务设施的设置关系

（1）交通量大，行车速度快。高速公路分道行驶，通行能力比一般公路高几倍甚至几十倍，确保了交通的畅通，车辆速度的规定。

（2）全封闭管理，严格出入管制。高速公路上行驶避免了平面交叉，不准掉头、倒车、穿越中央分隔带，并对出入口进行控制，通过收费站广场收费才能放行。

（3）行车驾驶环境单调，易产生疲劳。在外界环境刺激和休息大量减少及景观单调时，驾驶员易产生精神疲劳，快速反应能力减弱，甚至产生视错觉，距离或静态、动态分辨不清，增加了事故发生的可能性。

高速公路智能系统（ITS）的发展与运用。把车辆、道路、司乘人员三者之间紧密结合起来，从而形成一种安全、准确、高效的综合系统。

4. 高速公路设计基础

（1）高速公路设计车速与车型

①设计车速（计算行车速度）是公路设计最基本的设计依据，他的确定，考虑了汽车行驶的实际需要与经济性，是上述两者平衡的结果。平原、山岭地区应考虑不同的车速要求，按我国《公路工程技术标准》（JTG B01-2003），一般选用 120km/h（小客车）计算行车速度。

②设计车型并不是指某一种牌号的汽车，以其综合地代表某一车型的外形尺寸（图 1-6）。

《公路工程技术标准》（JTG B01-2003）规定的设计车型外廓尺寸见表 1-5。

设计车型外轮廓尺寸 **表 1-5**

车辆类型	总长（m）	总宽	总高	前悬	轴距	后悬
小客车	6	1.8	2	0.8	3.8	1.4
载重汽车	12	2.5	4	1.5	6.5	4
鞍式汽车	16	2.5	4	1.2	4+8.8	2

注：自行车的外轮廓尺寸采用宽 0.75m，高 2.00m。

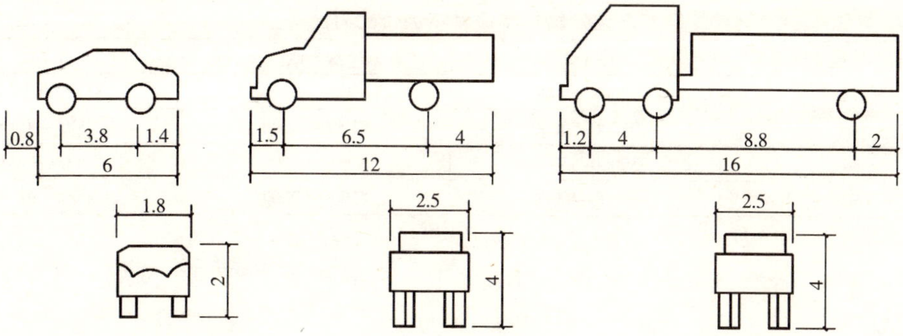

图 1-5 车辆外廓尺寸

（2）高速公路用地

高速公路的用地，除公路用地包括的范围外，附加宽度宜大于等于 3m，还应包括立体交叉、服务设施、安全设施、交通管理设施、行车设施、公路养护管理、公路绿化和苗圃等工程用地。

此外，在不同地区、不同条件下，设置绿化林带，种植固沙植物，安装固沙网，防沙或防空栅栏等设施的用地。

（3）设计交通量

高速公路交通量的统计与预测是总体设计的重要依据,他包括设计通行能力（表 1-6），服务水平，适应交通量等，此外，还涉及服务设施一系列设计中的问题，如用地规模，设施内容与布局、建筑界限（图 1-6）等。

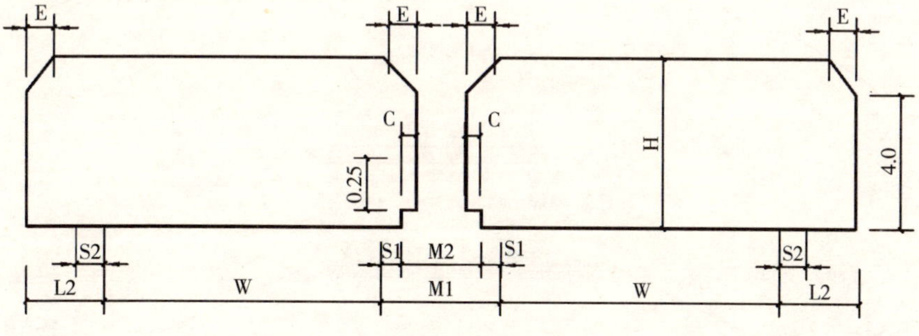

高速公路、一级公路

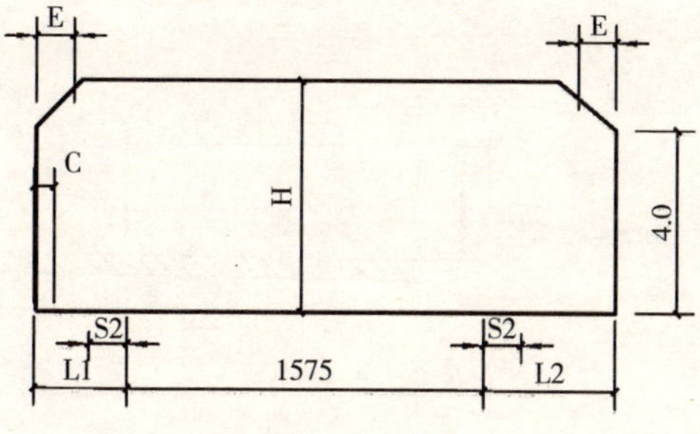

高速公路、一级公路（分离式）

图 1-6 高速公路的建筑界限

高速公路每车道基本通行能力值　　表 1–6

计算行车速度（km/h）	四车道	六车道	八车道
120	40000~55000	60000~80000	75000~100000 以上
100	35000~50000	55000~70000	70000~90000
80	30000~45000	50000~65000	65000~85000
60	25000~40000	45000~60000	60000~80000

（4）高速公路选线的不同地形条件大体上分为平原微丘区（图 1–7）、山岭区、重山岭区选线。

山岭区选线又依据沿河线、山腰（坡）线、越岭线、山脊线等不同地形条件。

沿河线。有良好的水文、地质条件，注意线位高低，结合跨河桥位桥型的特点，如弯、坡、斜肩架等不同桥型，以适应线型设计需要。

越岭线。宜处于较低的亚门，与山下控制点很好地衔接，有可能常采用过岭隧道方案。

重山岭区，结合重山岭区山丘连绵，岗坳交错，地形变化较大，坡度陡等特点，注意平、纵、横三面综合考虑，冲沟地段可采用高路堤或高架桥等方案。

不同地形环境的特点对服务设施布置方案设计产生一定的制约条件。同时又为创造新的环境提供了有利因素。

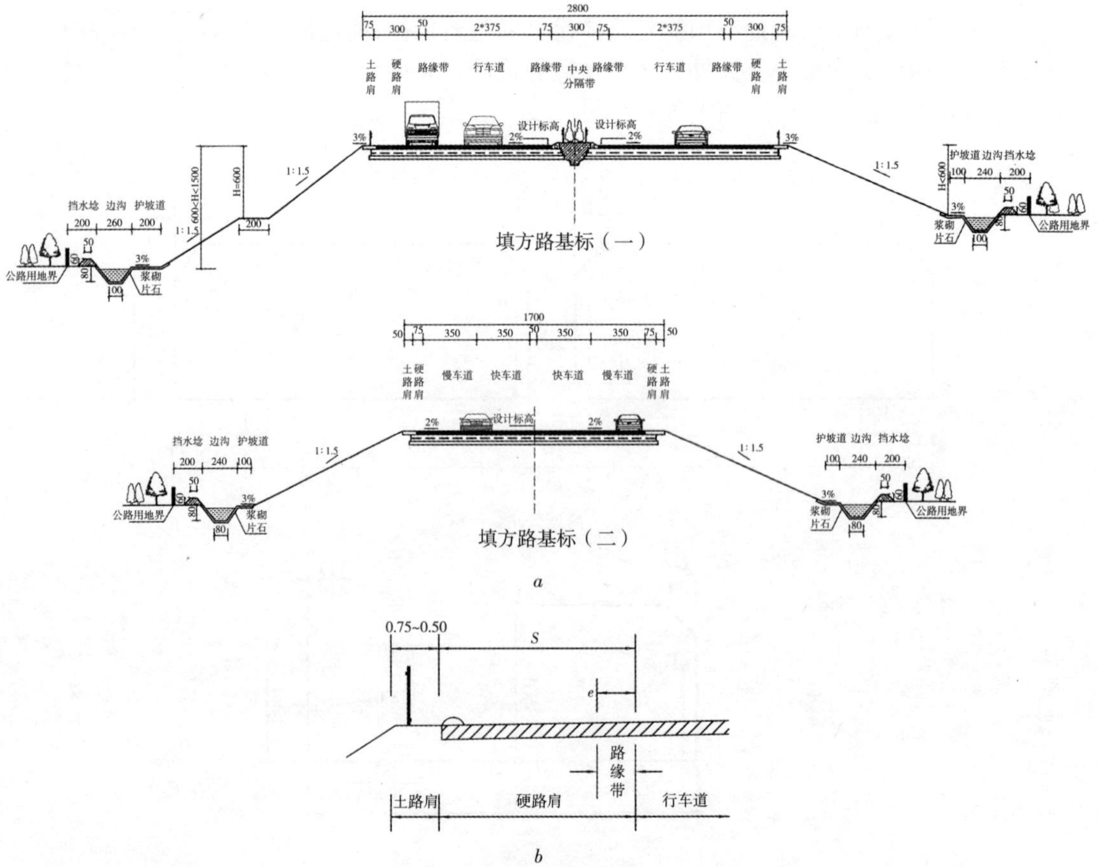

图 1–7 高速公路横断面（一）

a– 填方路基标准横断面；*b*– 高速公路路肩图

（5）高速公路的线形设计要求

首先要很好地解决平面线形各种形态的组合，如主线、匝道、互通立交的安全环境与美学要求，使线形得以协调并对安全视距、视觉分析达到良好的目的（图1–8、图1–9）。

其他如道路的纵坡、纵断面、横断面的设计影响着服务设施之间的联系，如服务区区位选择、区位之间距离、场地标高诸因素。

（6）环境与景观

高速公路的建设在一定程度上对自然环境带来消极或不利的影响，应尽可能地防止、减轻、消除对自然景观的破坏，保护天然形成的地形、地貌，加强和提高人工景观的设计，这将使高速公路的人文质量提升到一个新的水平，以满足人们各种物质、文化、旅游的需要。

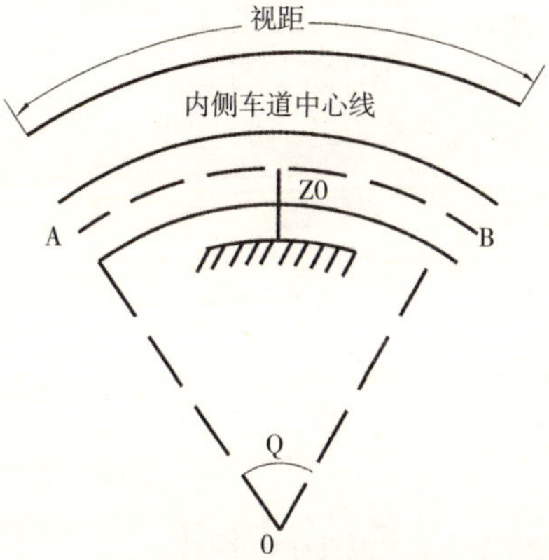

图1–8　平面视距设计

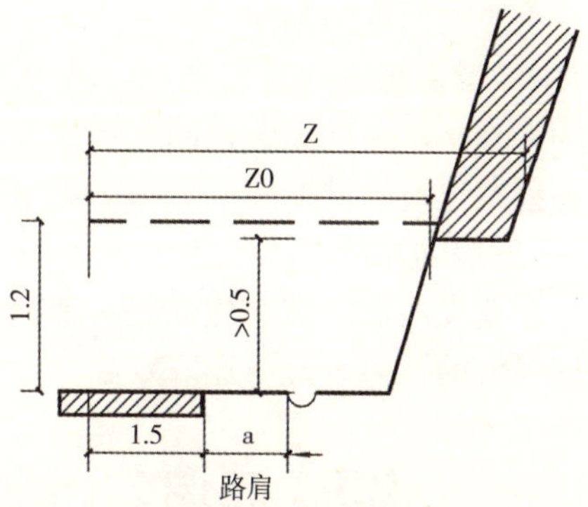

图1–9　视觉分析

5. 高速公路设施

高速公路设施可分为服务设施、交通安全设施、交通控制、管理系统等。即包括硬件设施与软件管理系统。高速公路硬件设施的基本构成有：高速公路的线形、路基、路面、桥梁、隧道、立体交叉等。此外，高速公路的服务设施有：服务区、停车区、收费站、交通安全设施与通讯监控设施等。高速公路的一切服务设施从宏观上分析：一为服务于车辆的服务设施；二为服务于人的设施；三为其他附属设施，但归根结底是为人们出行、旅游、运输提供安全方便、快捷、周到的措施，从主线道路、服务区、管理区、收费站的各项措施，从根本上说就是一项涉及项目众多，要求复杂的系统工程，因此，细致、周全、完善的服务设施是高速公路交通的出发点与归宿，也是科学地提高设计、管理、服务质量的重大问题。其他诸如环境、生态保护、绿化、能源等方面均应在系统规划设计中予以体现，掌握各种设施的类型、特征和充分发挥它们的功能，为今后高速公路的运营与管理打下牢固的基础。

1.2.2　高速公路与服务性设施

高速公路是现代化的交通设施，要采用全封闭，全立交的管理原则，严格控制车辆的出入。进入高速公路后，只有在互通式出口处准予放行，全程与外界隔离。因此，高速公路的服务设施与管理不仅要参与高速公路的规划、投资、建设而且对各项服务设施、停车设施、辅助设施还要进行科学管理，为使用者提供各项优质服务，以保证运营工作的有效运行，最终实现高速公路的多功能、高效率与高效益。

高速公路各项服务设施的设计，是高效管理的保证，设计人员应充分了解与认识管理的意义与原则是设计的前提。服务设施的人性化，不仅体现在设计理念上还需要不断地创新，同时在后期物业管理上，更需要全新的运营模式。

什么是“人性化”？

人性化作为服务理念的延伸与发展，要把人性的东西变成一种常态，形成一种气候，贯穿在各项服务工作中去。

高速公路服务设施的管理原则是：

1）以服务为主的原则。一切设施以服务于人，服务于车出发，服务设施为司乘人员的旅途生活、安全而设置与安排的，设施周全、细致才能服务周到。

2）统一规划的原则。高速公路投资大，服务设施项目内容多、环节紧紧相扣，如缺乏统一规划将影响物资的调配以及达到卫生、服务等方面的标准与要求。

3）自主经营，独立核算的原则。适应市场化的需求，提高服务水平与质量，建立一支多专业的管理队伍，在经营机制与服务方式上制定完善的目标管理体系，不断创新，才能适应高速公路建设的发展。

4）不断发展的原则。人们需求层次的不断提高，提供优质的旅行条件是高速公路在硬件、软件设施发展所必需。建立起实施特色经营，依托地方资源，搞活经济，打造服务品牌，实现最大的社会效益与经济效益。

1.3 高速公路服务性设施的调研

任何一个部门的工作，都必须有情况的了解，然而会有好的处理，高速公路的建设作为一项系统工程，从线路建设服务设施的布局与规划设计以及管理模式如何适应国民经济的发展的要求并不断发生新的情况，因此，必须进行各阶段、各个环节的调查研究，把握正确的数据，分析主次、不断地调整规划，确定设计依据，才能适应建设的需要。例如我国高速公路建设在短短的十几年内，有些主线交通流量发展迅速，很快就面临着扩线的要求，同时，服务设施、服务区、收费站也随着扩线而扩容。因此，调查研究作为一项基础性工作，是作好设计的前提。

1. 高速公路服务设施调研的必要性包括两个方面

一是对已建成服务设施进行调研。可采用调查问卷（表 1–7）和卫星地图（图 1–10）、现场踏勘、工作统计、视频录像、专家调查等多种现代手段与方法，获得较全面而可靠的信息；二是依据国情、省情，在统计资料基础上，分析、预测发展的可能。

全省高速公路服务区调查问卷 表 1–7

编号		受访人姓名		职业	
年龄		性别		司机 / 旅客	
教育程度					
河南省高速公路服务区总体情况			好	中	差

续表

本服务区对你印象最好的是哪类设施?	
本服务区最需要改进的是哪类设施?	
你觉得服务区大、小车应该分区停放吗?	
你觉得加油站应该设在服务区入口还是出口?	
你觉得在服务区中应该设置旅馆吗?	
对河南省服务区建设有什么好的意见和建议。	

注：请在总体状况好、中、差中，您认为符合的一项上打"√"。

图 1-10 卫星地图

郑州东服务区建成于 2005 年 4 月，位于京港澳高速公路 K663km 处，是集餐饮、超市、住宿、加油、汽车维修、物流信息、会议招待为一体的综合性服务区。该区占地面积 5.3 公顷，建筑面积 8000m^2。距离省会郑州 5km，新郑国际机场 27km，北邻京港澳与连霍两大高速相汇的刘江立交桥和京港澳高速公路黄河特大桥。现有停车位 320 个，餐厅可以同时满足 600 人就餐。

驻马店服务区位于京港澳高速公路 843km 处，距驻马店市区 29km，占地 60 余亩，设有大型停车场、自助餐厅、阳光小店、超市、客房部、加油站、汽修厂、降温车道、加水站、儿童乐园等服务设施。

2. 调查的方法

首先要确定调查的主要内容与因素从不同阶段、不同季节、时间段得到的数据与信息，进行录入整理，以现代的数据统计分析方法输入电脑程序，编制数据库，相应设计数据录入界面，利用输入掩码、组合框、列表框等功能提高信息的输入速度与正确性，进行统计整理，为今后的设计提供可靠的数据支持。

3. 调查内容与分析评价

（1）调查内容

1）主线断面及交通流量（表 1–8）；

2）道路交通特征；

3）服务区的规模及行车方式；

4）各类服务设施利用状况；

5）服务需求项目的情况；

6）车辆持续运行时间等。

科学地制定各类表格将为分析评价制定合理的规模、标准、措施有了可靠的依据，各类调查表如服务区功能设置、建设条件情况的调查可详见第二章。

（2）分析评价

在深入调查，准确掌握一切客观资料与问题后进行分析评价。这将为制定设计任务，一项系统工程分解项目、协调计划、预测经济和技术作出判断决策。将为今后做好各项任务提供了针对性、全面性、合理性的基础。

大广 G45 内黄停车区交通流量 **表 1–8a**

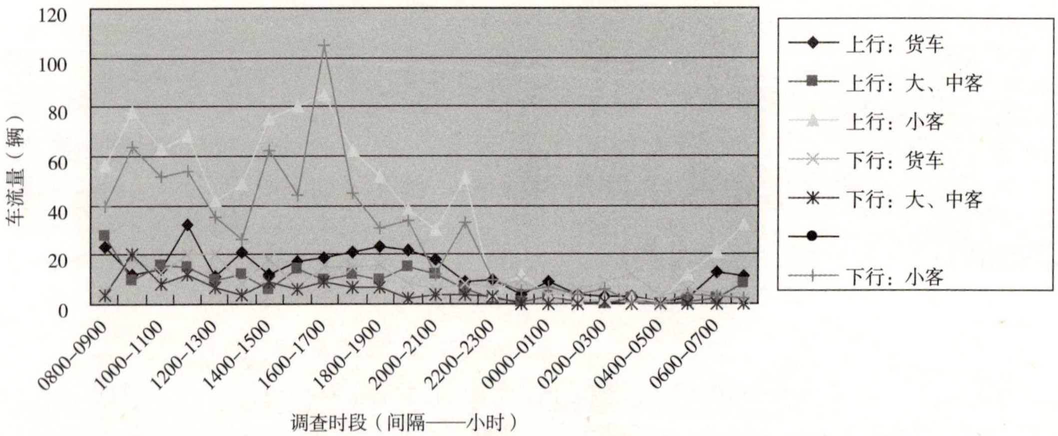

郑州东服务区交通流量 **表 1–8b**

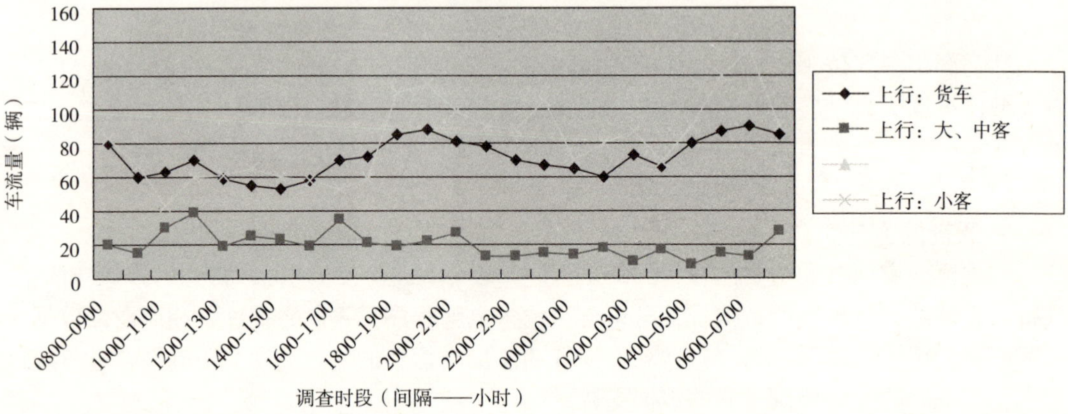

原阳服务区交通流量 表 1-8c

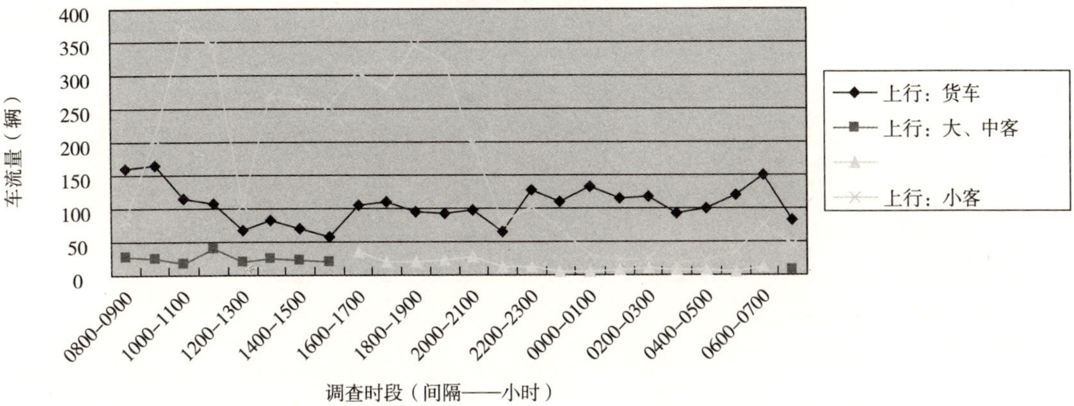

驻马店服务区交通流量 表 1-8d

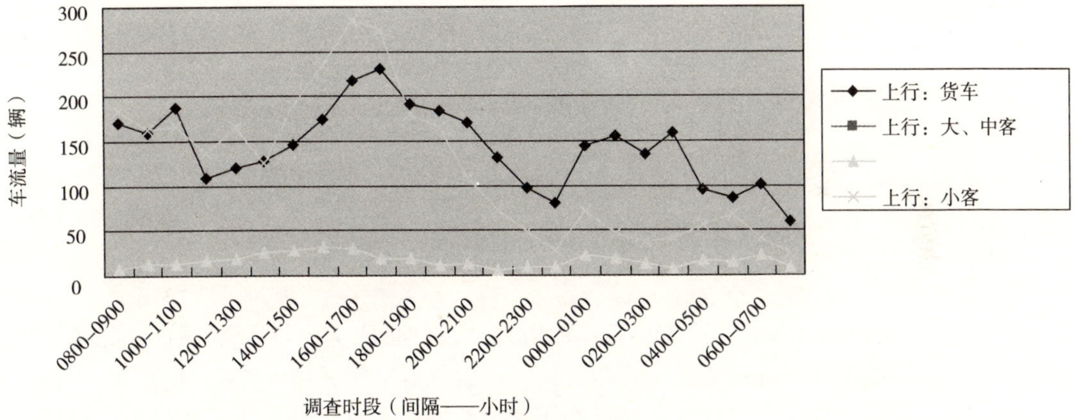

封丘服务区交通流量 表 1-8e

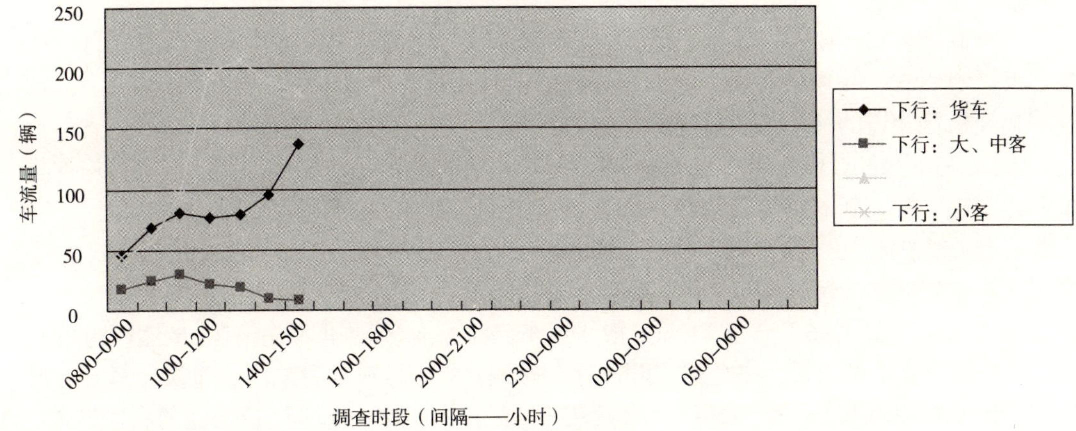

滑县服务区　　表 1-8f

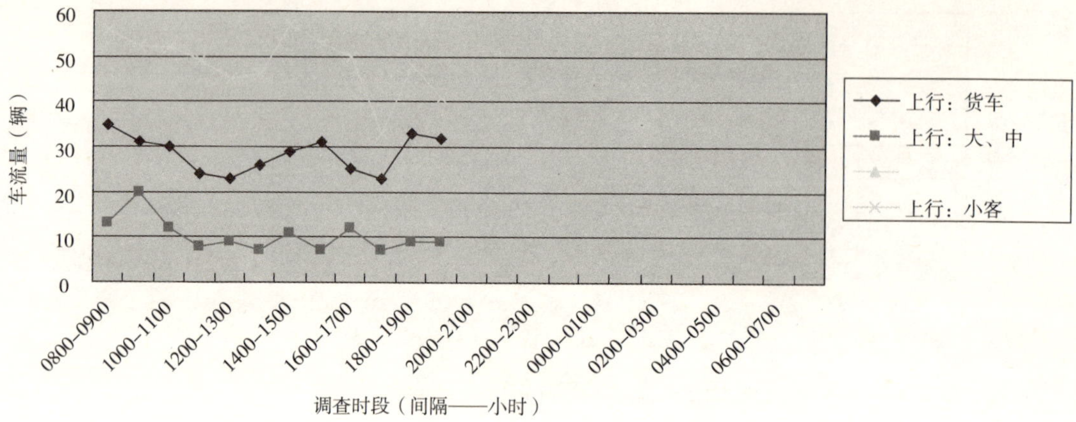

1）服务区道路交通性质分析评价，一般可有下列环节（图 1–11），以穿越河南省境的国家公路网的主线作扼要分析如下：

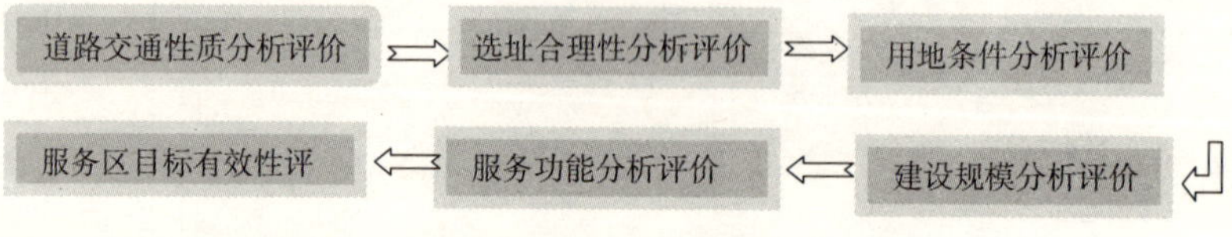

图 1–11　高速公路服务设施分析评价程序

京港澳高速公路（G4），全长 2285km，放射线。起自北京，途经冀、豫、鄂、湘、粤、港、澳四省三地。两端连接环渤海和珠江三角经济区，途径石家庄、郑州、武汉、广州 4 省会，是连接华北、华中、华南的交通大动脉。在国家公路网中具有十分重要的地位和作用。

大广高速公路（G45），全长 3550km，纵线。起自黑龙江大庆，途经黑、吉、蒙、冀、京、豫、鄂、赣、粤、八省一地。连接环渤海和珠江三角经济区，除途经北京、终点广州外，没有经过省会城市。大广高速的建成将打通东北地区与南方诸省的公路网，为中、北部地区的经济发展注入了新的活力。

二广高速公路（G55），全长 2685km，纵线。起自内蒙古二连浩特，途经蒙、晋、豫、鄂、湘、粤六省。除途径太原、终点广州外，没有经过省会城市。是中北部地区连接与珠江三角经济区相连的又一条快捷通道。

连霍高速公路（G30），全长 4280km，横线。东起江苏连云港，西止新疆霍尔果斯，跨越苏、皖、豫、陕、甘、新 6 省与自治区，作为横穿国土的欧亚大陆桥横亘东西，在战略和经济上都有着重大的作用。途经乌鲁木齐、兰州、西安、郑州、徐州，与江苏连云港口对接，东引西进，对促进西部开发有着深远的意义。

洛宁高速公路（G36），全长 712km，横线。东起江苏南京，西止河南洛阳，虽然仅跨越苏、皖、豫三省，但东可与长江三角经济圈高速公路网对接，西可通过二广、连霍高速与洛阳、西安、太原等中西部重镇联系，已成为长江三角经济圈与中西部地区最便捷的高速通道。

沪陕高速公路，G40，全长1490km，横线。东起上海，跨越苏、皖、豫、陕四省，途经南京、合肥、西安三个省会，又一条中西部与长江三角经济圈连接的快速通道。沪陕高速与西北各省连接长江三角经济圈的最便捷通道，对加强东南地区、西北地区的经济往来，增强经济互补性，加快沿海产业向内地转移、改变沿海地区产业结构，进而带动内陆地区经济发展具有重大意义。沪陕高速公路全线建成通车后，不仅西安到合肥、南京、上海的行车时间大大缩短，而且将显著改善我国西部地区与中东部地区之间的交通条件。

2)(表1-9、表1-10)介绍国家高速公路与河南段道路交通特征。

国家高速公路网河南段道路交通特征一览表　　表1-9

序号	类别	路线简称	编号	总里程(km)	途径地区	途径省会城市或直辖市	豫境里程(km)	经济地位	设计交通量
1	国道放射线	京港澳高速	G4	2285	京、冀、豫、鄂、湘、粤	北京、石家庄、郑州、武汉、长沙、广州、香港、澳门	522.980	北京与港澳通过5省会相连，是沟通环渤海经济圈（特别是京津冀城市群）与珠江三角经济圈的最直接纽带	
2	国道纵线	大广高速	G45	3550	黑、吉、蒙、冀、京、豫、鄂、赣、粤	广州以外，无省会城市	558.063	连接环渤海与珠江三角经济圈	
3	国道横线	连霍高速	G30	4280	苏、皖、豫、陕、甘、新	郑州、西安、兰州、乌鲁木齐	610.227	欧亚大陆桥的重要组成部分，连接东、中、西部的中国高速公路网横向骨干。中部崛起和西部开发战略顺利实施的快捷经济通道和跨线最长的横向精品旅游高速线	
4	国道纵线联络线	日兰高速	G1511	367	鲁、豫	无省会城市	49.906	是G15国道沈(阳)至海(口)高速的连接线	

河南高速公路网交通特征一览表　　表1-10

序号	类别	路线简称	编号	总里程(km)	途径地区	途径省会城市或直辖市	豫境里程(km)	经济地位	设计交通量
1	省道纵线联络线	德商高速	S39	345	鲁、冀、豫	聊城市、德州市、菏泽市、濮阳市	19.553		
2	省道城市环线	郑州绕城高速	G3001	52.02	豫	荥阳市靳庄、中牟县席庄	52.02		
3	省道横线	范辉高速	S26	63.858	豫	范县、辉县、鹤壁	63.858		
4	省道横线	新阳高速	S38		豫	新蔡、平舆、汝南、驿城区、确山、泌阳			

(3)策划建议

本书引用“河南省交通规划勘察设计院”、“河北省交通厅”、“高速公路服务区规划设计理论与研究”的一些调查研究成果供设计人员参考。

通过河南省部分服务区建设的调查，对一些配套设施存在的问题，初步提出的建议有：

1)硬件设施

在各地服务区硬件设施的调查中，对服务区客房设置、数量、标准、入住率等，普遍认为应该避免“一刀切”现象。存在的主要问题是：客房设置过多、设备标准过高，入住率较低的现象，建议在大中城市附近服务区，一般不设客房，在里程较长、小城镇附近，分析车辆运行量不同情况，分别设置简易或中等标准客房等。

2）管理系统的配套设施

信息展示是现代管理的重要组成，信息发布系统的建立，以动态显示相邻各服务区停车区泊位的展示，交通拥堵状况，以最大限度地利用场地停车空间。

又如当出现雨雪、水雾等恶劣天气、紧急事故的发生，则可显示道路管制及其提供重要信息。

3）紧急车道的设置

当发生危险品运输发生泄露、客货车倾覆、相撞等交通事故，车流量较大的高速公路上拥堵情况，疏散车辆、到达事故车辆、急救车辆等通道，除了采用借道行驶外，达到安全、迅速的缓解事故，如何设置应急车道，也是须考虑的一个重要方面。

第二章　高速公路服务区设计

高速公路服务区（Service Area 简称 SA）是以高速公路上运行车辆及司乘人员、被运送物资为服务对象的基础设施，是高速公路的重要组成部分，是为保障高速公路的正常通行，为司乘人员提供服务等一系列功能的必要设施。随着我国高速公路建设的快速发展，高速路网的日臻完善，高速公路服务设施也日渐增多，也使广大道路使用者对高速公路服务区的服务需求逐步加强，高速公路服务设施在公路网中的作用也越加重要。

由于高速公路是全封闭、全立交、严格控制出入的公路运输设施，车辆需要在高速公路的中途加油、检修；司乘人员需要在旅途中得到休息，解决入厕、就餐等生理需求，以缓解疲劳的身心。其他物资也需要在运送途中得到维护和保养。这些需求只能依靠高速公路服务区来满足要求。我国自 1988 年最早投运的沪嘉高速公路服务区算起，经过 20 余年的高速公路服务区建设，目前国内正在运营的服务区已近千对，从服务区的选址、用地、定位，到规划布局、功能要求、设施建设、建筑风格，以及经营管理、商业运营模式等方面，各地区都积累了不少的经验，也存在诸多问题，有待进一步总结。

随着国民经济的发展，高速路网的逐步形成，高速公路吸收总量不断扩大，必将促使服务需求的增加，同时对服务功能提出了更高、更新的要求。

2.1　高速公路服务区综述

2.1.1　高速公路服务区的作用

为充分发挥高速公路运输快速、高效、安全的特点，采取了全封闭、全立交，合理布置出入口的措施，同时，考虑了解决在高速公路长途运行过程中为车辆、司乘人员、物资运送服务的基础设施，如车辆的加油、维修、降温、防冻以及驾驶员、旅客等人员的中途入厕、就餐、购物、休息、缓解疲劳等需求。因此，服务区的设置不仅要满足上述使用功能，也是体现高速公路整体功能、现代交通文明、文化的重要窗口。

高速公路服务区的作用有以下几个方面：

1. 高速公路服务区在车辆、司乘人员与外界基本隔绝的情况下，对人员、车辆提供内部服务设施来实现，如上述的方方面面。合理、全面、优质的服务是服务区建设的基本出发点。

2. 高速公路上行车，驾驶员的全神贯注，连续行驶极易造成精神疲劳与紧张，保证连续行驶在 2 小时左右至少需要休息 15 分钟以上，以缓解疲劳，保障行车安全。

服务区提供了一定休息的场所，也满足了一般旅客入厕、就餐、购物等多种功能的需要。

另一方面，对车辆长时间、长距离的运行，难免出现故障、断油，在服务区内车辆的检修、保养是必不可少的。

3. 服务区内功能设施齐全，硬件条件好，服务周全，为经过长时间的行车和旅途的司乘人员提供舒适的休闲场所，体现了现代交通 “以人为本”的服务理念，同时也拓宽了高速公路的服务功能。

4. 服务区为旅途中的司乘人员提供如厕、停车、休息等免费的服务外，并提供住宿、用餐购物等有偿服务。为服务区带来可观的经济效益。多方面、多层次的优质服务，不断拓宽其服务功能，创新的管理模式，势将成为高速公路产业链上新的经济增长点。

如有的服务区在餐饮服务区引入多项快餐方式，开展竞争机制，提高了服务质量。

2.1.2 高速公路服务区的设计要求

我国高速公路建设起步晚，但发展迅速，服务区规划设计至今还缺乏一套完整的理论体系，也没有系统化、理论化的服务区设计规范和标准。为研究解决滞后于建设速度的问题，各地在实际使用中也制订了一些地方性标准或指导性文件，但此类文件往往缺乏规范性，针对性也不强，可预见性不足，从而造成了建成后停车位不足、设施不配套等问题。因此，进一步加强对高速公路服务设施设计理论的调查、研究，制订符合我国国情的高速公路服务区设计规范和标准迫在眉睫。

（1）服务区的设置间距见表 2-1a、表 2-1b。

连霍高速公路服务（停车）区设置一览表 表 2-1a

序号	名称	投运日期（年）	选址条件			用地条件		建设规模	
			临近城市或景点关系	临近路线关系	临近服务区	地形地貌	周边环境	总用地（亩）	总建筑面积（m^2）
1	豫陕界服务区	2009	距三门峡 90km，距西安 160km	距沪陕高速 70km	距灵宝服务区 25km，距潼关服务区 12.1km	丘陵	村庄	251	13998
2	灵宝服务区	2002	距灵宝市 20km	150km	距三门峡服务区 50km，距豫陕界服务区 33km	丘陵	村庄	140	11000
3	三门峡服务区	2001	距三门峡 10km	150km	距灵宝 50km，距渑池 75km	丘陵	村庄	204	13600
4	渑池西服务区（南、北区）	2007~2008	北区距渑池县 6km，南区距渑池县 10km	150km	北区：距渑池服务区 24km	丘陵	农田	南区北区各 40	南区北区各 2162
5	渑池服务区	2002	距三门峡 75km，距洛阳 50km	距二广高速 45km	距洛阳服务区 61km，距三门峡服务区 46km	丘陵	村庄	160	4684
6	洛阳服务区	1998	20km	2km	距巩义服务区 40km，距渑池服务区 60km	平原微丘	村庄	100	8000
7	巩义服务区	1998	距郑州 48km，距洛阳 55km	距两广高速 40km，距京港澳高速 75km	距郑州服务区 51km，距洛阳服务区 41km	丘陵	农田	127	4158
8	郑州服务区	1997	距郑州 15km	距京港澳高速 23km，距绕城高速 5km	距巩义服务区 51km，距中牟服务区 30km	平原	紧邻大学城	327	28463

续表

序号	名称	投运日期（年）	选址条件			用地条件		建设规模	
			临近城市或景点关系	临近路线关系	临近服务区	地形地貌	周边环境	总用地（亩）	总建筑面积（m^2）
9	中牟服务区	2008	距郑州30km，距开封35km	距京港澳高速15km，距大广高速40km	距开封服务区30.6km，距郑州北服务区39.9km	平原	村庄	295	16377
10	开封服务区	2000	距开封市1km	距大广高速18km	距东侧民权服务区50km，距西侧中牟服务区28km	平原	农田、村庄	250	13000
11	民权服务区	2006	距兰考7km，距民权28km	日南高速	距开封服务区55km，距宁陵服务区38km	平原	良好	180	12000
12	宁陵服务区	2006	39km	37km	42km	平原	林场	220	7700
13	商丘服务区	2002	35km	10km	距宁陵服务区43km，距夏邑服务区56km	平原	村庄	219	21100
14	夏邑服务区	2006	50km	距大广高速40km	56km	平原	村庄	160	9600
15	豫皖界服务区	2008	距永成35km	距永登高速35km	距夏邑服务区30km，距王寨22km	平原	村庄	232	13938

京港澳高速公路（河南境）服务（停车）区设置一览表 **表2-1b**

序号	名称	投运日期（年）	选址条件			用地条件		建设规模	
			临近城市或景点关系	临近路线关系	临近服务区	地形地貌	周边环境	总用地（亩）	总建筑面积（m^2）
1	豫冀界服务区	2009	距安阳市15km	距省界1.1km	距安阳服务区23.6km，距磁县服务区19.1km	平原	村庄	328	13000
2	安阳服务区	1998	北距安阳市12km，南距鹤壁市35km	北距南林（南乐－林州）2km，南距濮鹤高速31km	北距豫冀界服务区24km，南距鹤壁服务区57km	平原	农田	135	7000
3	鹤壁服务区	1998	北距鹤壁24km，南距新乡36km	北距濮鹤高速27km，南距长济高速30km	北距安阳服务区57km，南距新乡停车区49km	平原	农田	80	7932
4	新乡停车区	2005			距原阳服务区20.7km，距鹤壁服务区76.2km	平原	农田	30	1500
5	原阳服务区	2008			距郑州东服务区24.5km	平原	农田	270	16000
6	郑州东服务区	2005	距郑州5km			平原	农田	80	8000
7	许昌服务区	2000	距郑州市55km，距许昌市30km	距兰南高速38km	距漯河服务区69km，距新郑服务区18km	中原	村庄	150	6780
8	漯河服务区	2000	距漯河9km，距许昌40km	距南洛高速21km，距兰南高速30km	距驻马店服务区59km，距许昌服务区69km	中原	村庄	120	11870
9	驻马店服务区	2001	9km	30km	60km	平原	村庄	67	4000
10	确山服务区	2003	26km	22km	55km	平原	农田	70	4680
11	信阳服务区	2003	距信阳市30km	距沪陕高速5km	北距确山服务区52km，南距灵山停车区39km	丘陵	村庄	70	2010
12	灵山服务区	2003	50km	30km	40km	丘陵	四面环山	100.56	5835

我国交通科研部门通过对全国几大片区 20 多条干线公路近百个服务区的调查显示：61% 的服务区间距在 35~55km，平均间距为 45.6km。结合国外相关设计规范（表 2-2），我国制定的《高速公路交通工程及沿线设施设计通用规范》（JTG D80—2006）规定，服务区平均间距不宜大于 50km; 最大间距不宜大于 60km；25 公里设置一处停车区。实践证明，这种规定间距是有科学依据并符合国际惯例的，设置间距主要考虑因素有：

1）车辆行驶需求

加油站是高速公路服务区应该提供的一个重要服务设施。通常车辆的油量警示灯亮后，剩下的燃油还能保证车辆继续行驶 30~50km。设定高速公路服务区标准间距 50km 就是要确保常规车辆在燃油耗尽前，能够进行燃油补充。

2）人员生理需求

高速公路的“封闭性”保证了行驶车辆能够快速、便捷地到达目的地。但在享受这些便利的同时，还要考虑长途旅行者的生理需求。通常情况下，人员在高速公路上连续行驶 2h 左右，至少需要休息 15min 以上；人平均 1.5~3h 就需要解决如厕的生理需求；4~5h 就会饥肠辘辘，有补充食物的需求。

3）人员心理需求

高速公路上连续、安全驾驶的时间长短因人而异，但从交通安全考虑，一般在高速公路上连续行车 1~1.5h 则需要停车休息 5~10min，以缓解疲惫的心理。按照这个要求，同样以 100km/h 的设计车速来计算高速公路服务区的间距，则不宜大于 100km。

应该注意的是，高速公路服务区间距的确定，涉及众多因素，服务区平均间距不宜大于 50km 只是一个控制标准。设计时还需实事求是，灵活掌握，不能生搬硬套。服务区布设时应综合考虑高速公路所处地区的行政区位、经济发展趋势的评估、交通量预测、交通流特性，以及沿途景观分析等条件，不能以固定的标准间距进行硬性规定。此外还应结合路网整体布局、沿线地形地貌等选址条件统筹安排。这样，既可避免有大量物流需求的高速公路因服务区容量有限而导致高峰时段车辆无法进入的情况，又不至于出现因车流量估计不足，服务区使用频率低，大量场地、设施闲置，而影响高速公路的综合效益。如在城镇分布比较稀疏的地区，服务区间距可适当增大；相反，在经济比较发达、城镇分布密集的地方，服务区的设置间距可以适当减小。

国外服务区间距参考表 **表 2-2**

国别	设施种类	间距（km）	备注
美国	停车区	16~24 32~48	交通量大区段 交通量小区段
英国	服务区	16~17（平均 19）	
法国	服务区	100	
德国	停车区 服务区	5~10 50	
匈牙利	停车区	20~30	
荷兰	服务区	20~30	
第八届国际道路会议提案	停车区 服务区	5 50	

我国高速公路服务区，一般情况下，间距以 50km 设置一处，25km 设置一处停车区，如此笼统的划一标准将难以适应不同经济发展地区，车流量大小，特别是当前大型货车承载着大量物流的需求的高速公路，常因服务区容量有限而导致高峰时段车辆无法进入的情况，引发驾驶人员在夜间或内急或疲劳情况下，而靠边停车，则极易产生车辆追尾、倒翻，使交通事故频发。而在一些车流量估计不足的路段，服务区使用频率低，大量的场地、设施闲置，影响高速公路的综合效益。

（2）远近期结合，合理布置服务区

高速公路沿线所设服务区之间的距离确定，涉及众多因素，其中最主要的有：

1）高速公路所处地区的区位，经济发展趋势的评估，交通量预测。交通流特性以及沿途景观分析，不能以固定的标准间距划一的进行设置。此外还应结合路网整体布局、沿线地形地貌等选址条件统筹安排。

如省际间的干线主要决定于交通流量（如大型货车、客车、小车等）。地处中原的河南省东西干线——连霍线（连云港——霍尔果斯，河南省境内全长 610km）、南北干线——京珠线（北京——珠海，境内长约 500km），京珠线贯穿省境，不仅成为省内高速公路的主要骨架，还是全国纵横向的主通道。虽然前述两线路建成仅 10 余年，不得不进行扩线而导致服务区以及相关设施的扩建。此外，河南省第二条南北干线大广线在境内已全面通车。

河南省高速公路服务区、停车区的分布如图 2-1 所示。

因此，征地规划时应遵循预留场地，分步建设的原则，避免建设资金的浪费。

图 2-1　河南省高速公路服务区、停车区位置示意

2）服务区的选址。高速公路服务区的设置应通过综合考虑服务设施的间距、沿线城镇的位置及大小、交通量及交通性质、合适位置特点以及服务功能的侧重点等因素进行综合规划布局。服务区的选址应充分利用当地周边的自然资源和条件，尽量选择在风景优美或具有地方特色的区域，如温泉、海滨等地，既便于司乘人员休息，也可提供旅游人士观光。在找不到理想、平坦的修建场所时，应选择工程量少的地方；并对选择贫瘠的旱田和杂木林进行修护，这样对于环境也可以加以改观。

服务区所在地的选址一定要供水、供电方便，并与互通式立交和隧道保持一段距离。同时，应避免选在高压走廊、通信光缆、村庄等建筑物、构筑物密集地。

3）因地制宜地确定服务区规模与形式。当前，我国在进行高速公路设置服务区时，大都采取相对成双的布置方式，即道路两侧各设对等规模、用地的服务区，而目前多数用地控制采用以日均标准车流量30000辆，征地60亩为基数。日均标准车流量每增减1000辆，征地面积相应增减1亩，如表2–3、表2–4所示。

服务区用地及设施面积 表2–3a

用地面积（hm^2）	总建筑面积（m^2）	综合服务（m^2）	加油站（m^2）	公厕（m^2）	维修间（m^2）	锅炉房（m^2）	变配电房泵房（m^2）	其他（m^2）
4.00~5.50	5000~6500	（1500~1800）×2	（200~240）×2	（200~240）×2	（260~360）×2	200	200	400~650

高速公路沿线服务区设施建筑规模标准 表2–3b

序号	用房名称	标准（m^2／人）	建筑面积（m^2）	备注
一	综合楼			
1	餐厅		≥300×2	
2	厨房		150×2	
3	超市		≥150×2	
4	公共厕所		≥180×2	
5	办公室		6~8间	设在一边服务区
6	客房		6~8间	设在一边服务区
7	通信室		20	设在一边服务区
8	电力引入室		15	
二	加油站		200×2	不含加油大棚
三	汽车修理间		60×2	修理间采用室外大棚
四	配电室		120	设在一边服务区
五	员工用房			设在一边服务区
1	宿舍	6	6人间房	
2	食堂	1.25	以总人数为计算基础	
（1）	餐厅	0.8		
（2）	厨房	0.45		

注：湖南省地方标准。

与服务区一侧停车车位相应的建筑规模 表2–3c

一侧停车位（个）	停车场（m^2）	公共厕所（m^2）	餐厅（m^2）	免费休息室（m^2）	超市（m^2）	综合楼（m^2）	加油站（m^2）	附带设施（m^2）
50	3000	280	400	200	100	1000	470	550
100	5000	350	600	300	150	1500	470	550
150	6000	400	650	350	200	1600	470	550
200	6500	400	700	400	250	1800	470	550

国外服务区占地规模（单侧） 表 2-4

国别	平均占地面积（亩）	最大占地面积（亩）	最小占地面积（亩）	调查数量
美国	73.59	190.04	30.0	27
日本	38.2	1.85	17.5	16
德国	56.04	103.21	23.7	17
英国	48.79	94.06	20.4	22
澳大利亚	58.8	145.82	25.8	8
法国	48.6	162	30.8	12
加拿大	72.46	110.51	32.5	16

一对服务区建筑规模为 5500~6500m^2（不含员工用房）；单独的停车区建筑规模为 1000~1500m^2，高限适用于六车道高速公路，低限适用于四车道高速公路。

服务区布点间距差别，产生的原因，如有的因行政区域界限处分别布点，相距过近或过远，互不通气，这样既影响了服务区运营效果，也带来使用人员服务需求的脱节。此外，服务需求比例差别甚大，如厕需求比例达 35% 以上，而住宿标准过高，需求比例则不到 1%，服务区入住率过低，造成资源的浪费。

我国正处于经济高速增长期，科学地对各种车辆流量的预测是面临的重大的课题。同时，一味地扩大场地将对土地资源，环境绿化产生重大影响，必须综合考虑相关因素，完善解决。

（3）合理规划，科学管理，安全、方便

服务区的合理规划必须建立在必要的系统的调查研究基础之上，并进行科学分析制定相应的工程技术标准。

既有原则性的指导如“高速公路应依据交通量大小、路段长度、沿线境况、地形条件，选择适当地点设置服务区，并合理地确定服务区的功能与规模”《公路工程技术标准》（JTG B01–2003），又要注意路网的区域特点，防止功能上的千篇一律，调整的服务需求，服务功能与建设标准的层次性、差异性。

在服务区的总体规划中，功能分区，道路划分，车流人流划分清晰，建立起良好的交通序列，动、静空间分布明晰，为不同的使用需求达到安全、高效、方便。

其次，服务区应综合考虑绿色、节能、环保、可持续发展的要求，采取相应的技术措施为太阳能、风能与中水的利用以及生活垃圾的处理等。

再次，服务区内交通标识、位置、色彩进行规范化艺术化的设计，使之标识清楚，引导到位。此外，服务区的空间布局造型特色，小品的设置，绿化的布局得体而具地方性以进一步提升服务区文化品位。

2.1.3 高速公路服务区的管理模式

1. 高速公路服务区的投资建设，早期均由所属省、地区的交通厅或交通厅委任的高速公路建设部门（或公司）经营管理。但随着高速公路建设、经营、管理体制的不断发展与变化，并由此带来服务区规划、设计不同的理念与处理。

服务区经营，管理不同模式的分析：

（1）国营体制。最早的模式由交通厅或委任单位，进行征地，规划设计，建设均由政府财政拨款。国有管理经营部门将所得一部分纳入高速公路通行费上缴财政，一部分由管理部门支配，这对国有资产保值较有利，可防止漏税行为所造成的破坏，但经营质量与服务，难以适应市场化的需要。

（2）国营建设，民营管理。在高速公路服务区建成后，进行单区或全路段招标，实行承包经营，在一定的经营年限内，完成交纳承包费用，余下归己。这样初步实现了市场化的需求，产生一定的经济效益。但由于承包者的短视行为，容易造成服务区的破坏性使用，从而不利于国有资产的保值。

（3）全部民营化。服务区的建设经营进行配套招标，吸引民间投资，在一定年限后，再作调整，保证了民营投资经营的效益，实现市场效益最大化。有关部门在宏观管理上进行调控监督、服务质量评估等，以确保服务质量与服务水平的提高。

2. 服务区管理模式在进入市场化的体制转轨阶段，部分省、地区对服务区管理模式提出了以下三种方式：

（1）自主经营；

（2）实行租赁经营制；

（3）服务区经营权拍卖。

这三种方式，在内容上、层次上与前述三种管理方式在不同程度上虽有所差别，但无论哪种方式，应不断总结经营模式，其管理宗旨必须坚持服务区管理与经营相配套，把服务质量放在第一位，开展文明经营，充实服务内容，完善服务设施，打造服务品牌。

如沪宁高速公路阳澄湖服务区引进“阳澄湖螃蟹”，以此为龙头，开办特色市场，成为苏、沪、浙一带旅游观光的好去处，又为服务区带来可观的经济效益。

2.2 服务区选址与布局

2.2.1 服务区设施布局原则

1. 服务区的选址

（1）高速公路沿线服务性设施应在主线的总体规划下，对服务区（停车区）进行全面统一的部署，并进行场地的选址。场址的选址虽然应遵守服务区、停车区的一般间隔距离，同时应注意按主线不同地段的具体情况可作适当调整，这是因为具体建设位置、选址合理与否既影响着服务区建设的总体成本，也关系到服务功能的良好发挥。大型服务区占地面积较大，选址将直接影响场地的不同布局，有单侧、双侧、跨线等多种布设方式。

（2）服务区选址的条件

1）区位选择的基础条件

从地理位置、自然条件、环境、人文景观等多种因素出发，贯彻以人为本，营造优美场区的理念达到环境效益、社会效益、经济效益的统一。一般地理位置以接近较大城镇为宜，有良好的自然景观、景色宜人的地方，以接近风景点作为首选原则，如河南光山服务区、辽宁省西海服务区等。服务区作为静观的落脚点，以园林中“借景、对景”的手法，引入选址条件，将获得更好的视觉效果与审美情趣。

2）地形条件

服务区的占地面积大，场区内设置有大量的停车场和机动车道，平坦的地形有利于场地规划和交通组织。同时也可减少土方调配费用，对控制工程投资有利，但也存在场地排水及如何采取应急措施等问题。鉴于我国国情，服务区选址时应尽量利用荒地，少占农田。坡地、丘陵地可以有效地节约耕地。各类服务设施可根据地形条件灵活布置，以获取最佳的功能和视觉效果。但也存在土方调配量大、交通组织、总体建设费用较高等问题。

3）交通技术条件

从主线驶入服务区的准备路段，除了考虑视距、视线以及设置预告标志外，为使车辆顺利地从匝道驶入、驶出，应避免服务区布置在主线的小半径曲线路段或陡坡路段内，尽可能在主线700~800m范围内无桥梁、通道、涵洞、跨线桥、天桥等构筑物的干扰。如服务区距隧道口或桥梁等设施间距最少应大于1km，距互通式立交应大于2km。在有纵坡的路段，服务区宜布置在纵坡的顶端。这不仅有利于位置的识别，而且更具吸引车流的作用。一般驾驶人员进入服务区时以上坡为佳，驶离时是下坡，便于车辆加、减速。服务区设置区位的路段要求线形良好，一般要求圆形曲线最小半径2000m，竖曲线最小半径2500m，最大纵坡为2%，停车视距最小为200m。

4）标识与识别性

在选址中要考虑司乘人员易于发现与识别，以便在宽裕的时间内做好驶入服务区的准备工作。除了在一定行车视距范围内加强标识外，自然环境也是加强服务区位置信息的重要因素。

5）给排水、供电、物资供应条件

服务区应远离市政及供电管网等设施。大部分场区由地下水供水，必须对水源、水质、水量经有关部门勘探得到依据。对于山区、高坡缺水地段至关重要。因此，水、电、气的供应在选址时必须予以充分重视。其他如由于气候环境的变化而引起的防寒、防灾等应急措施对服务区的影响也不应忽视。在不同地段的风力、日照优质能源以及中水的利用等。如在规划实施中予以考虑也是当今可持续发展的重要方面。服务区的物资供应包括超市、餐饮及维修材料等要经常充货，随着高速公路产业经济的拓展，使服务区成为物流配送中心，以创造更好的综合效益。

6）扩建问题。

由于高速交通飞速的发展，主线的扩建带来匝道服务区的扩建。因此，选择用地时必须考虑其扩建的可能性。如京珠线大部分路段的增线、增量而对服务区进行了扩建。

2. 服务区布局原则

服务区内各项服务项目的规划布局必须以紧凑、便捷、安全、有效为基本出发点，并可遵循以下原则：

（1）处理好停车位置及人行活动的关系。应以人行活动的安全为前提，做到“人、车分离，客、货分离”，才能真正体现“以人为本”的理念。

如停车场不分车型（大、中、小车型及客、货车等）而集中设施，人、车混杂，道路划分不清等情况，则安全难以保障。不能合理布置停车区位，将会浪费有效使用面积。

（2）处理好不同车型的行驶轨迹与停车进出关系，如转弯半径、车位停放角度，停与行，顺行与逆行的不同要求，达到迂回有序、平顺通畅。

又如尽量利用匝道或延长匝道以及贯穿车道合理布置停车场。

（3）处理好基地形状，规划布局与环境绿化的关系，防止基地标准化，对称划一。选址布局应灵活、紧凑，尤其以节约农耕地，贯彻科学发展观，与可持续发展的原则。

2.2.2 服务区的布局方式

1. 服务区与主线关系划分为：

（1）线下式（图 2–2*a*）；

（2）线上式（图 2–2*b*）；

（3）平线式（图 2–2*c*）；

（4）跨线式（图 2–2*d*）。

在平原地带，多以堆土成线，路肩高度一般 3m 左右，通过匝道进出服务区，相对的服务区以地下通道相联系。以（1）（2）两种布置居多。

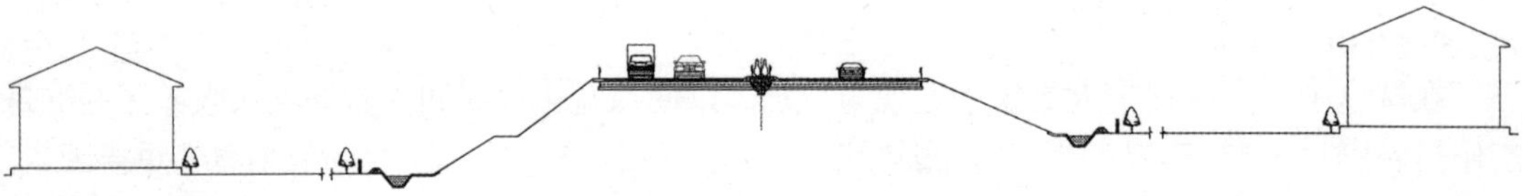

a

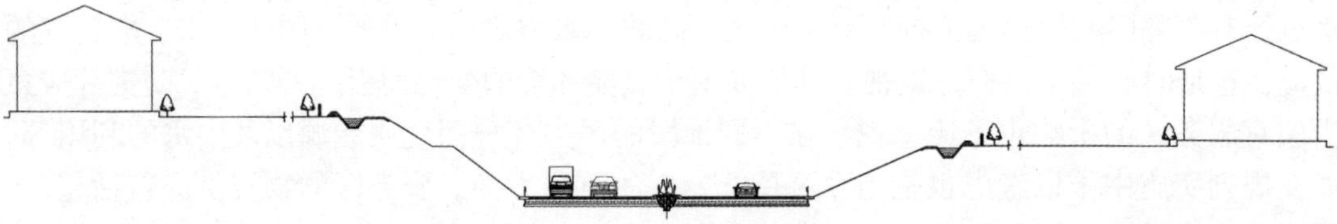

b

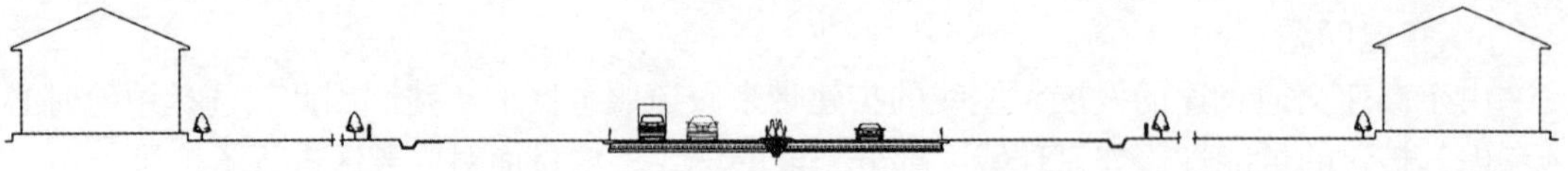

c

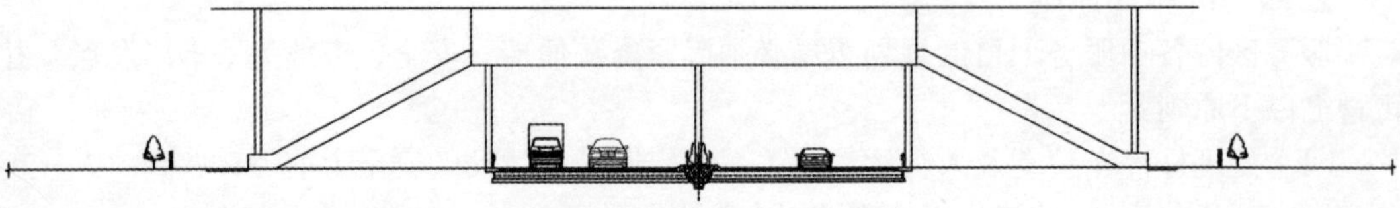

d

图 2–2 服务区布设方式图

a– 线下式服务区；*b*– 线上式服务区；*c*– 平线式服务区；*d*– 跨线式服务区

2. 服务区基地形状

平原地区基地呈规划梯形状居多，这种梯形状的基地内角为 60° 左右，由于匝道从近平行主线稍斜插入，利于服务设施，布局与节约用地，如采用长方形，车道转弯，直边斜行，浪费了土地。

服务区除双侧布置外，由于受地形、区域位置、驶入率等因素也有在主线单侧布置服务区为主，另一侧为辅，在近期内可节约服务区运行费用，为辅的一侧仅设公厕，小型商店及加油站。此外单侧集中式布置，即上、下线两个方向停车的服务区设置于同一侧，上、下线其中一线结合地形、匝道选择跨线桥引导至一侧，这在两侧地形、高差等不同情况下采用，有效利用场地，有利于管理、维护、节约运营成本，但必须比较跨线道路建设成本以及规划设计中的难度（图 2–3）。

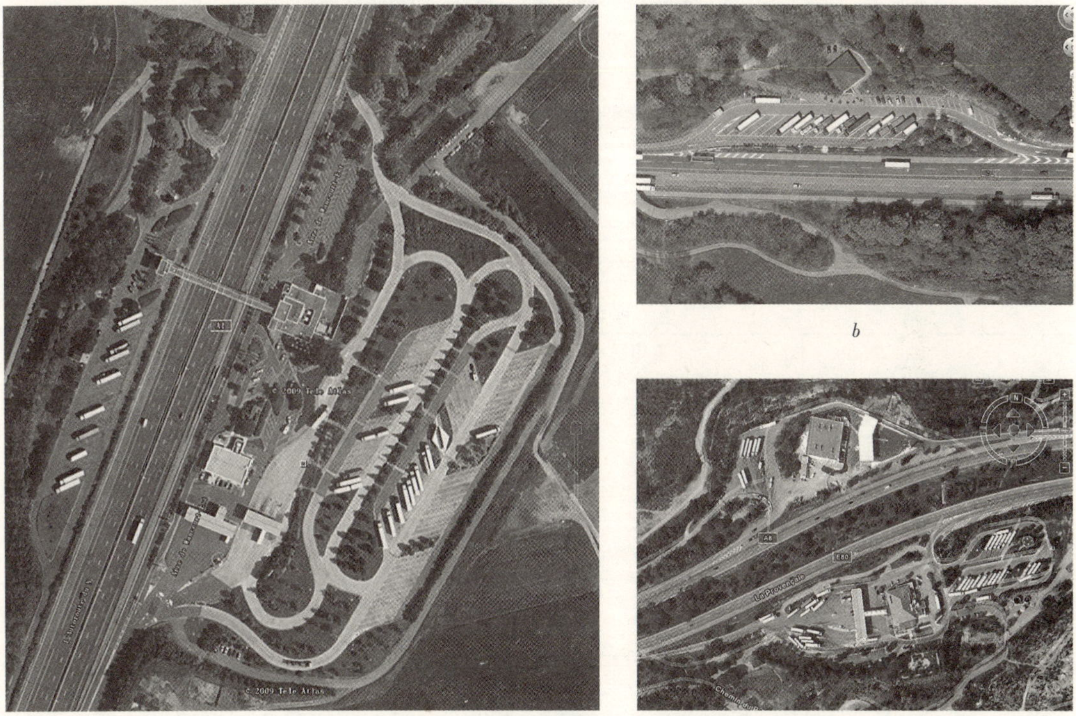

a *b* *c*

图 2–3 法国服务区布置（卫星照片）

a– 单侧为主的服务区；*b*– 单侧布置的停车区（卫星照片）；*c*– 双侧服务区

丘陵地带，下沉的主线，决定了服务区的标高的上升，主线形成路堑状，服务区通过上坡道进入场区，综合楼通常以紧靠主线，两侧综合楼通过高架通道连接（图 2–4）。

2.2.3 服务区停车场地的相关技术参数

停车场的布置面积与车型有直接的关系，一般以车辆载客人数和载重吨位进行划分（表 2–5）（图 2–5、图 2–6）。

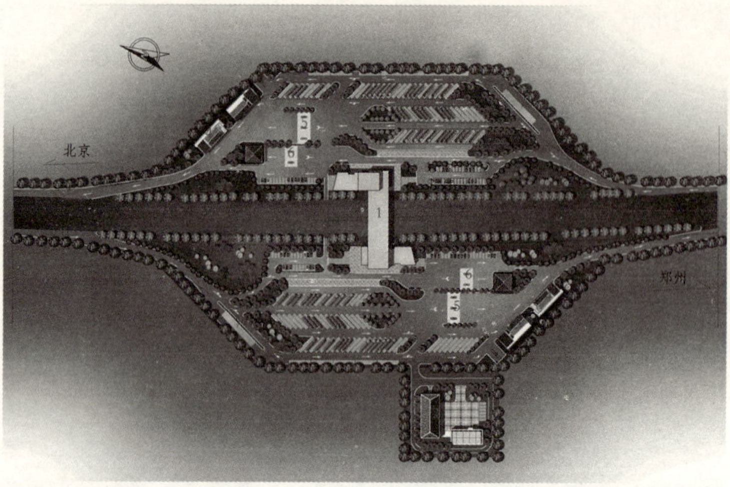

图 2-4 跨线式服务区总体布置图

停车场设计中车位划分标准 表 2-5a

车型 \ 停车位	小型车 （车长＜5m）	大型车 （5m ≤车长＜13m）	超长车 （车长≥ 13m）
客车	小客车	大客车	
货车	小货车	中货、大货车	拖挂车

停车位尺寸表 表 2-5b

车种	停车角度	停车方式	车道宽 A^W（m）	与车道相垂直方向的停车长度 S_W（m）	与车道相垂直方向的停车宽度 S_W（m）	单位停车宽度 W（m）	每辆停放车所需面积 A（m^2）	注
小型车	30°	前进停车	4.00	4.70	5.00	13.40	33.5	$W=A_W+2S_d$
	45°	前进停车	4.00	5.30	3.55	14.60	25.7	
	45°	后退停车	4.00	4.45	3.55	12.90	22.9	
	60°	前进停车	5.00	5.60	2.90	16.20	23.5	
	60°	后退停车	4.50	5.60	2.90	15.70	22.8	
	90°	前进停车	9.50	5.00	2.50	19.50	24.4	
	90°	后退停车	6.00	5.00	2.50	16.00	20.0	
大型车	30°	前进停车 前进停车	4.00	9.30	6.50	14.30	93.0	$W=\frac{A_W}{2}+S_d$ $A=W\times S_W$
	45°	前进出车 前进出车	6.00 7.00	11.50	4.60	18.25	84.0	
	60°	前进停车 前进出车	6.50 11.00	12.90	3.75	22.15	82.1	
	90°	前进出车 前进出车	7.50 19.00	13.00	3.25	28.00	91.0	
	平行	后退停车 前进出车	11.00 6.00	3.25	19.00	6.25	118.8	
特殊大型车	平行	后退停车 前进出车	6.00	3.50	25.00	6.50	162.5	

车辆分类表 表 2-5c

类别	一类	二类	三类	四类
车型	大货	小客车	中、小货	大、中客

各类车辆平均停放时间 **表 2-5d**

车辆类型	一类	二类	三类	四类
平均停放时间（min）	31.06957	15.6725	18.35341	11.24545

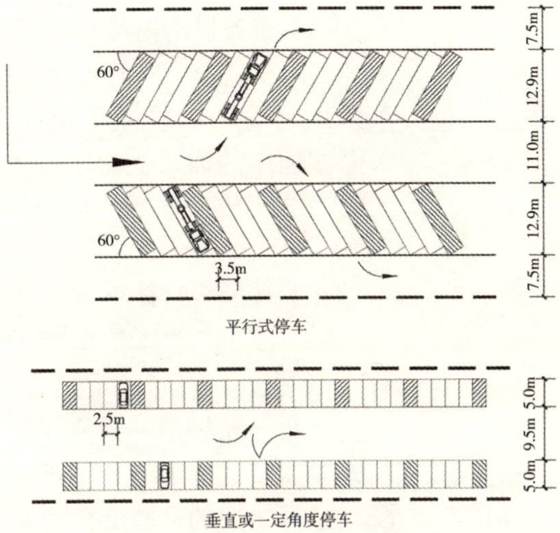

图 2-5 车位的布置

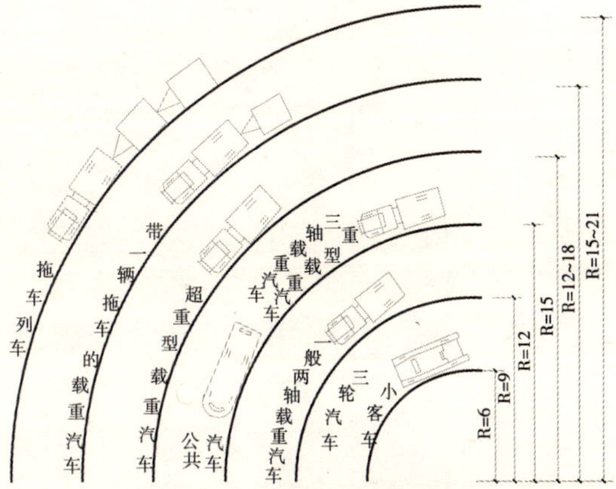

图 2-6 各种车转弯半径

大型车原则上采用平行通行匝道设置，即前进式停车、前进式发车位布置方式，以方便车辆直接驶入停车的车位上，避免造成混乱和堵塞通道，大型车位一般以大型半挂载重车作为设计标准，通常按 17m × 3.5m 计算。

中型车建议采用 60° 前进式停车布置方式，有利于迅速停置和疏散，为尽量减少场地的浪费，中型客货车辆的长度一般按 10m 计算。

小型车辆原则上采用直角前进停车、后退出车，或后退停车、前进出车，即可满足该种车辆停放多的要求，又可充分利用场地减少浪费。车位一般按 3m × 6m 考虑。

停车位的布置，行车方式，停车角度停放时间等的数量与面积产生较大影响，在一定驶入率情况下，提供最佳数量停车位，服务区各类车位既满足行车需求又使建设成本和运营得到最佳效益。

大、中、小型车应分区停放，以避免相互干扰，并充分发挥停车场地的效用。

2.2.4 服务区的功能组成

1. 高速公路服务区是高速交通运行中不可或缺的有机组成部分，也是高速公路服务体系的关键之一。服务区的规划建设是保证高速公路服务水平的必备硬件，对于提高高速公路现代服务要求，充分发挥高速公路的快速、高效特点具有重要意义。从高速公路服务区的总体规划，与完善的功能配置，分析服务需求，如对象、特点、差异性各项影响因素，从调研、分析出发，这是服务区规划设计的前提（图 2-7）。

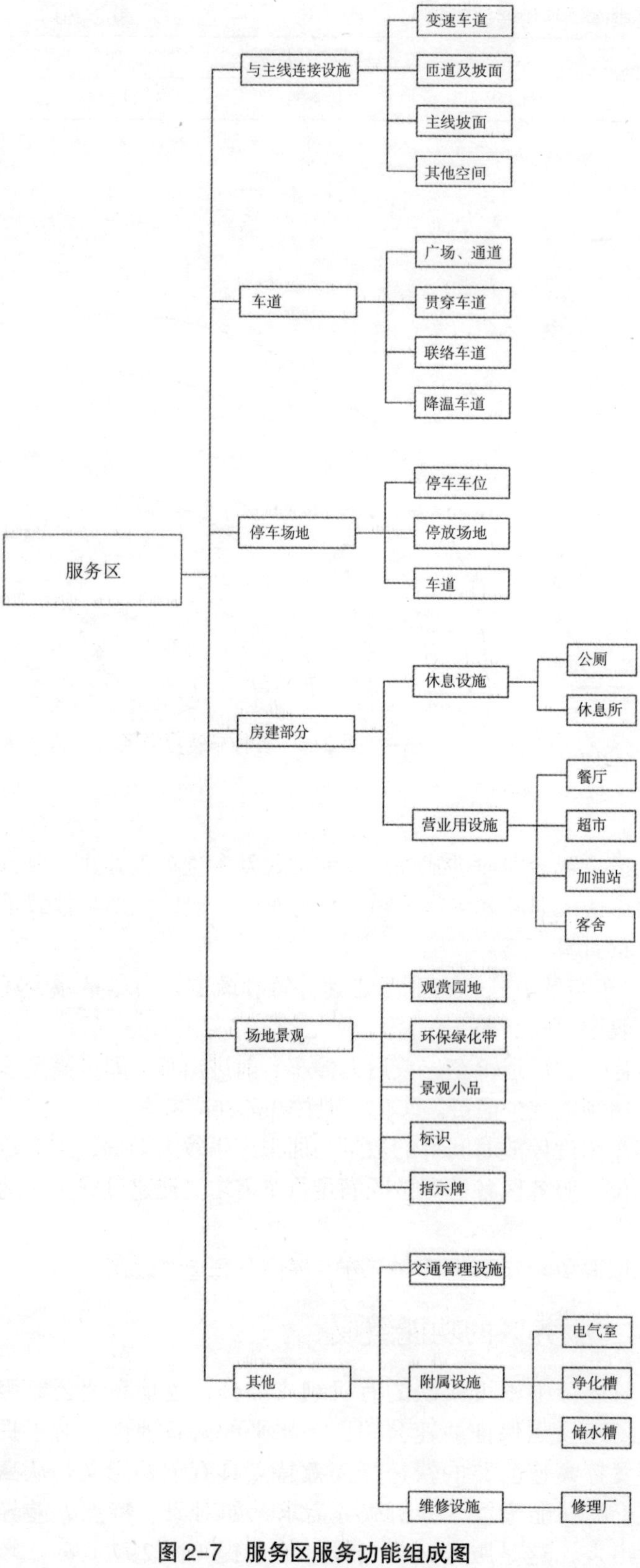

图 2–7 服务区服务功能组成图

其原则是：

（1）服务对象明确、定位恰当。

（2）服务功能配置协调，硬件建设优化完善，软件管理细致、精确。

（3）服务供需衔接有效。

2. 由于高速公路的封闭性，车辆运行途中的较强依赖性，人们旅途中的需求决定了服务区的功能组成，概括的可分为下列各项。

（1）对车辆的服务

1）加油。燃油是车辆的动力来源，车辆的正常运行，必须不断补充燃油，长途司机人员加油站选择虽有一定随机性，但习惯性的选择必然是场地宽敞、方便进出服务优良的站点。

2）加水、降温。长时间的车辆运行发动机、制动器以及轮胎的摩擦产生的高温，加之有时在炎热的高温下行驶，轻则损及机械的寿命，重则产生自燃、轮胎爆裂等现象，因此服务区必须提供休息、加水，轮胎降温等服务与措施。

3）车辆维护、检修。对高速行驶车辆的维护、检修是保障公路安全、高速、畅通的必备条件。在我国一般干线上货车的流量占较高比例情况下，货车的车况水平不一导致行车故障频发，影响交通时有发生，维护检修的需求量越大。

近年来，节假日小车出游，零配件维护、车辆检修这方面的需求也加大了。

（2）对人员的服务

高速公路车辆运行的司乘人员主要是驾驶员乘客及服务区工作人员等。

1）驾驶员长途、高速驾驶、视觉环境单调，往往导致驾驶员反应迟缓，产生神经性疲劳，以致操作失误率增高，有效视野范围变窄等。有的国家明文规定对驾驶员在高速公路行驶与休息时要记录在卡，以防止疲劳驾驶引发事故。

2）随着我国旅游事业的发展，驾车旅游，旅客对服务质量要求越来越高，其基本需求大体如下：

①如厕。按人们正常生理功能，如厕需求间隔时间在2小时左右，除了年龄、气候、车况等情况外，如厕的特点一般有集中、快速等特点，如旅行大巴集中到达如厕要求，在厕位设计上必须有充分数量，避免出现使用困难的。

此外，对老年人、残疾人的服务，设计要求措施均应参照有关设计规范《城市道路和建筑物无障碍设计规范》（JGJ50–2001）。

②购物、用餐。旅途休憩，司乘人员对购物、用餐需求的多样性、偶发性。一方面，随着季节、气候的变化，另一方面，除一般性的饮料、小食品、日常旅行用品外，在不同的地区，可扩大地方性、纪念性的用品，开发更广阔的消费市场。

用餐方式、布置，多种快餐的引进，调节了人们的不同口味与就餐环境的需求，避免单一品种的供应。

③中转、换乘。高速公路封闭性的特征决定了难以达到通达服务。为实现“门到门”的服务，利用省际间的快速大巴在边界服务区建立起中转，换乘的可能，实现较理想的集散功能。

④医疗、救助服务。交通事故，气候突变、急性疾病等要求得到服务区的就近救援，在偏远地区更为重要。

由于服务区远离市镇，服务人员、环卫人员工作时间换班，应安排布置休息场所。

随着“人性化”服务的提升，以及信息化、个性化需求，服务的项目、内容也将相应增加，并应充分关注，提供发展空间。

（1）对途中货物的服务需求，使长途运输中各类商品、货物达到保质、保量送到目的地，如保鲜食品、冷菜、新鲜蔬菜植物，鲜活动物以及集装箱货品等种类繁多，服务需求不一。此外，危险品的运输、停车区域划分，防护以及应急措施防范应急手段也应得到充分的保障。

（2）高速公路为物流活动创造良好条件，是否对在服务区内的换装、倒装以致配送等作出相应的考虑。

2.3 服务区的总平面设计

2.3.1 服务区的总平面组成（图2–8）

当服务区用地规模确定以后，场地功能分区，各部分应依据基地形状面积、容量大小，位置、司乘人员对服务需求、环境与主线标高差等诸多因素确定。服务区的各项设施一般分为以下部分（表2–6）：

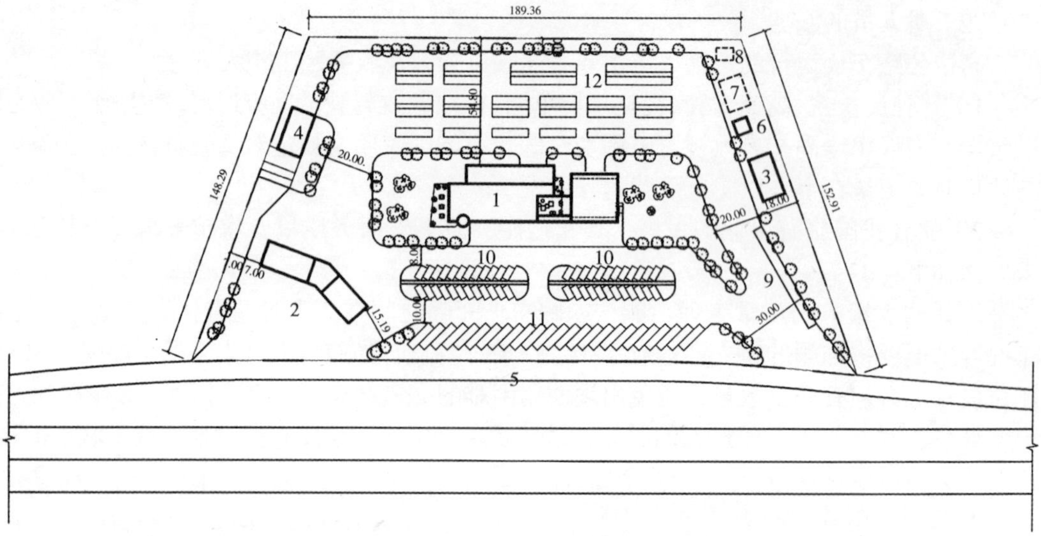

a

1- 综合楼；2- 加油站；3- 综合机房；4- 维修车库；5- 贯通车道；6- 泵房；7- 消防水池；
8- 污水处理；9- 降温通道；10- 小型车停车区；11- 中型车停车区；12- 大型车停车区

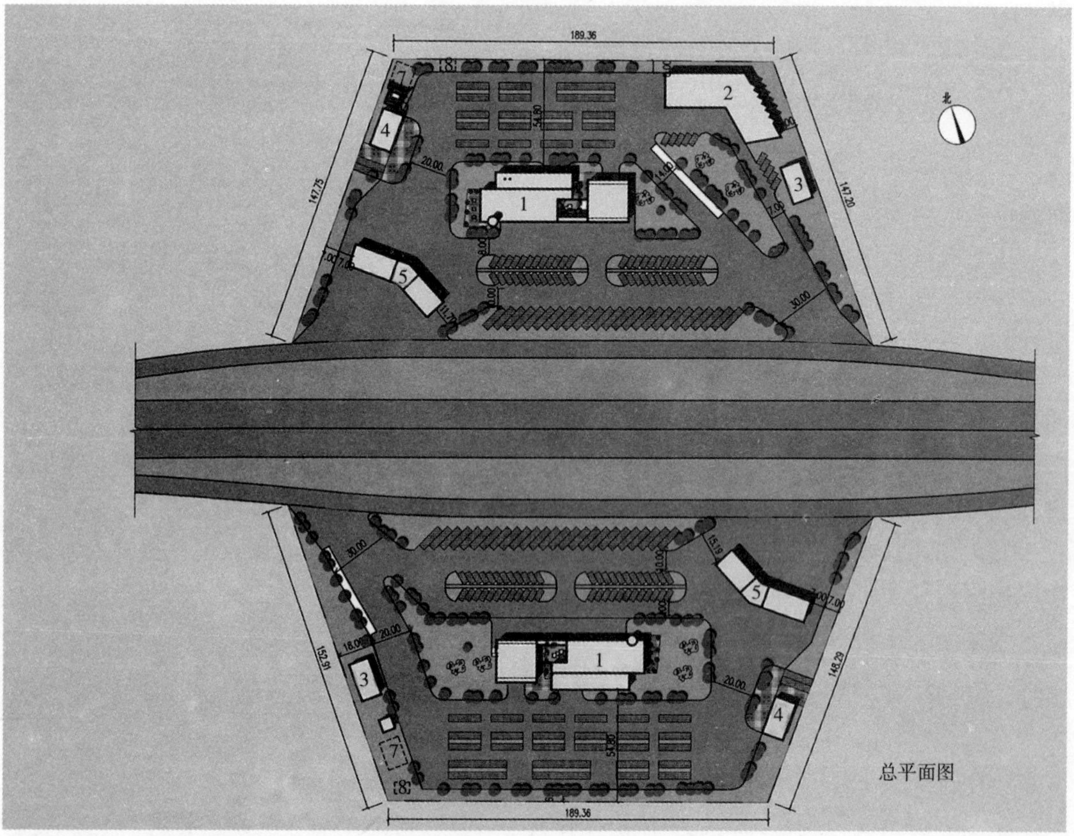

b

图 2-8　服务区的总平面组成

a- 服务区组成；*b*- 双侧对称式布置

服务区各种设施规模的设计标准　　表 2-6

一般停车车位数（个）	停车场（m^2）	公共场所（m^2）	餐厅（m^2）	免费休息室（m^2）	商店（m^2）	综合楼（m^2）	加油站（m^2）	附带设施（m^2）
50	3000	280	400	200	100	1000	470	550
100	5000	350	600	300	150	1500	470	550
150	6000	400	650	350	200	1600	470	550
200	6500	400	700	400	250	1800	470	550

（1）便道或引道；

（2）停车区；

（3）房建部分（指司乘人员如厕、购物、餐饮、休憩）；

（4）户外活动广场与庭院（包括景观、绿化小品）；

（5）车辆维修；

（6）加油区。

无论从服务区的规划设计开始，或是建成后的使用情况，服务设施的需求是一个发展的变数，应通过调查研究、科学分析才能适应高速公路运输的发展需求（表 2-7）。

司乘人员对服务设施的需求分析　　表 2-7a

主要需求	需求频率	需求弹性	对行车影响	对服务区依赖程度	占驶入量比例（%）		设施
					客	货	
加油、加水	1 次 / 300~600km	50km	严重	高	23.89	36.73	加油站
故障维修	1.5~3 次 / 年	—	严重	高	—	1.32	修理所
检查、整理货物	—	—	一般	高	2.06	17.82	停车场
如厕	6~10 次 / 天	10~40min	严重	高	83.48	30.91	公厕
休息	1 次 / 2~3h	10~20min	严重	高	88.20	29.82	车内、大厅、广场
购物	0.5~1 次 / 天	很大	较轻	一般	10.03	3.64	商店
餐饮	3 次 / 天	1~3 小时	一般	高	21.83	43.64	餐厅
住宿	1 次 / 天	较大	严重	一般	—	—	住宿
商务活动、会议	很少	很大	无	低	—	—	商务中心
休闲、洗浴理发	很少	很大	无	低	—	—	休闲中心

河南省服务区占地面积表（部分）　　表 2-7b

高速公路名	投运年度	服务区名称	服务区面积（亩）	服务区总建筑面积（m^2）	合适的占地面积（亩）
连霍线	2002	灵宝服务区	140	11000	
	2001	三门峡服务区	190	12666.7	
沪陕线	1998	洛阳服务区	100	8000	
	1996	巩义服务区	127.5	4158	
京港澳线	1997	郑州服务区	327	28463.5	
	2000	开封服务区	250	13000	
	2002	商丘服务区	219.3	21100	

2.3.2 服务区的总体布置方式

服务区总平面的布置受制于基地形状、面积、地形、周边环境诸因素，这些因素有时对布局起着不同程度以至决定性的影响，熟悉掌握与分析各种因素，把不利影响降至最低程度，进行功能分区，人、车流分析，场区道路布局，综合楼、辅助建筑位置安排，停车区占了服务区场地约 70%~80% 面积，场地布局对交通流线，功能分区，停车数量起着决定性作用。分析与总结不同布置方式，将有助不断改进总体布局。

1. 服务区人流活动特点（图 2-9）

服务区的功能分区，规划布局受到司乘人员活动方式、活动规律的直接影响，两类不

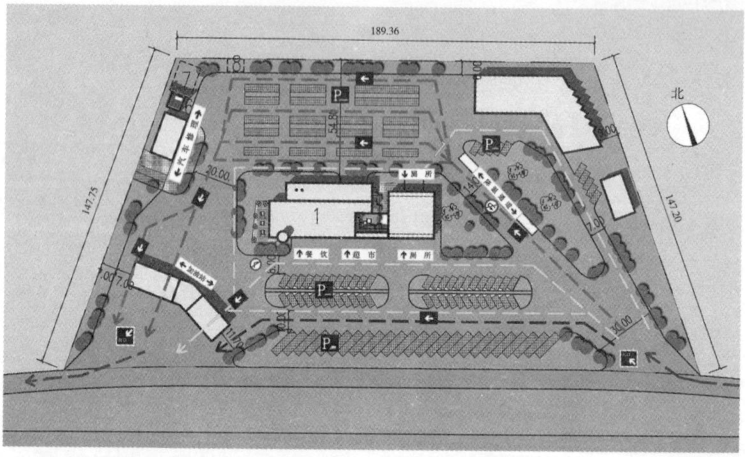

a

在服务区设置降温通道为降低长途货车轮胎温度、保障行车安全的车辆专用设施，地面以下呈倒梯形，长 42m，净宽 5m，一般为钢筋混凝土结构，经调研，以往设计中存在以下问题：

（1）降温池通常设置在入口匝道附近，与停车场混设，虽方便了车辆降温，但也占用一定的停车位，并容易对广场路面形成污染；

（2）未设专门的降温动线。车辆受降温诱导，干扰了车辆的正常行驶和停放；特别是对于客、货车分区停放的服务区，前场设置降温通道的问题尤为明显；

（3）缺乏细部设计，功能有待完善。降温通道的设计要求如下：

1）设置独立的降温通道分区，减少降温货车对动线二、三的影响；

2）完善功能。除降温池外，结合实际需求，设置专用行车道路、车辆缓冲区、操作站台以及给排水设施；

3）在降温池中设置溢水槽、篦水沟等细部构造，减少降温废水对场区、道路的污染。

b

图 2-9 服务区流线分析及降温通道布置

a- 流线分析；*b*- 降温通道

同人员一般活动主要构成：

（1）驾驶员的活动大都为：

停车场——如厕——停车场（P.T.P）

停车场——餐饮——停车场（P.R.P）

停车场——购物——停车场（P.S.P）

（2）乘客或旅行人员的活动基本上只有如厕、购物、餐饮三项，但由于下车、服务设施的位置、道路布局，直接影响着服务区人流、车流活动次序、活动区域、活动时间。

2. 服务区人员活动的特征

（1）活动安排紧凑，时间短促；

（2）活动以线行方式往返为主；

（3）服务区空间布局，道路划分的顺序密切相关；

（4）车辆驶入时间的分布规律与人流活动影响。

经过深入的研究服务区人流的行为、方式、秩序将使服务区规划布局更加合理与人性化。

从早期的总体布置以及近年来所作的调整大体上可以看到其发展、变化与改进。

虽然总体布置往往要考虑诸如基地形状、地貌以及综合楼的位置，停车区的布置方式等，但其中影响总体布置的主要因素是在功能分区中停车区的停车数量、车型、停车时间所决定的停车方式。

服务区总体布置中停车方式、分区一般有以下三种方式（图 2-10）：

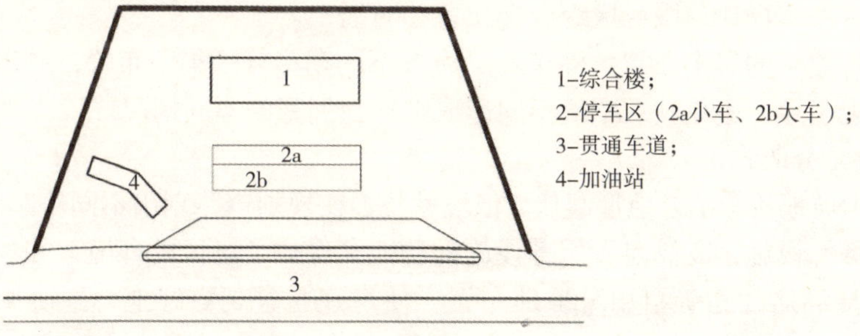

a

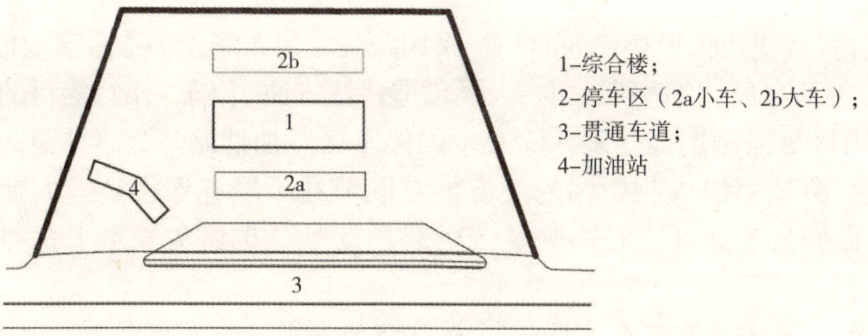

b

图 2-10 服务区停车布置方式（一）

a- 集中式；*b*- 分散式

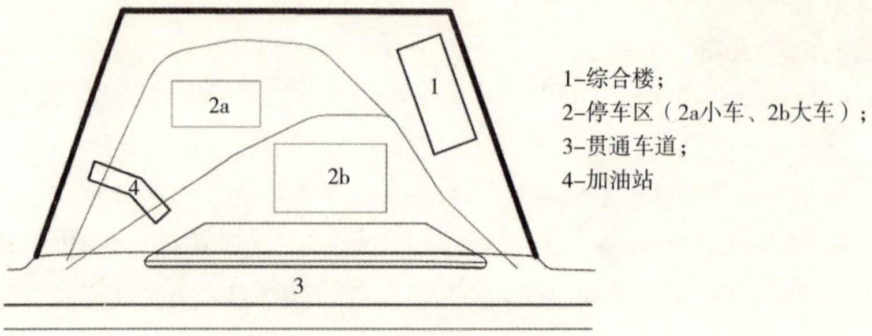

c

图 2-10　服务区停车布置方式（二）

c- 自由式

1）集中式

服务区综合楼位置相对居中，在楼的长轴两侧分别车型、分区布置，在贯穿车道的外侧还是内侧可分为外向型与内向型，我国不少平原地区的布置采用以内向型居多。由于车型与停车量的增加在扩建服务区后采取在综合楼两侧按不同车型设置停车区，有效地发挥了停车面积。

集中式一般又可分为单侧或双侧集中布置：

以地处平原地带为主的京珠、大广线为例，服务区占地平均 120 亩约 $8.0hm^2$，以梯形标准形状划分。两侧几近相对设置。

①单侧布置在场区贯穿车道的外侧或是内侧。

②双侧布置停车场地，服务区综合楼位置相对居中。

除了服务性建筑的集中布置，停车场除应按不同车型分区集中布置，并以绿化环境作分隔，加强标志引导，避免驶入率的不同造成空置与拥塞的不同情况。

2）自由式（分散式）

在丘陵、山坡地段，结合地形起伏，依坡就势，在规划道路划出不同停车区的情况下，灵活地布置服务性设施，既满足了服务设施的功能又保护了场区的环境。如加油区、综合服务区以致快捷酒店住宿等自由分散地布置，使房建与景观更好地得到协调与配合（图 2-11bc）。

3）跨线式

由于主线方式及周边地形环境的制约，采用跨线式的布局，功能分区、停车方式更应注意因地制宜，灵活布局，以达到为司乘人员创造快捷方便、停车、出行等目的（图 2-12）。

在丘陵、山区等路侧用地受限，除必须的停车区、加油站外，将休息、就餐以及观光等用房布置在跨越主线或收费棚的上方。它既节约了服务区用地，方便管理，节约运用成本，在良好景观地区有登高观览等效果。此外，也避免噪声干扰与建筑成本的提高。

服务区的布局形式的选择在实践中不断总结与创新，形式的各异，还应基于选址、地形、功能、造价、景观等多种因素综合考虑，分清主次，因地制宜，分析比较后作出抉择。

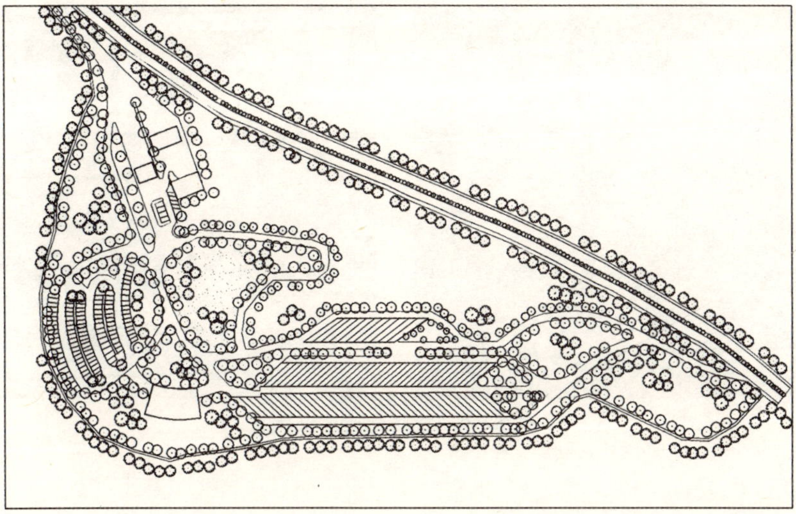

a

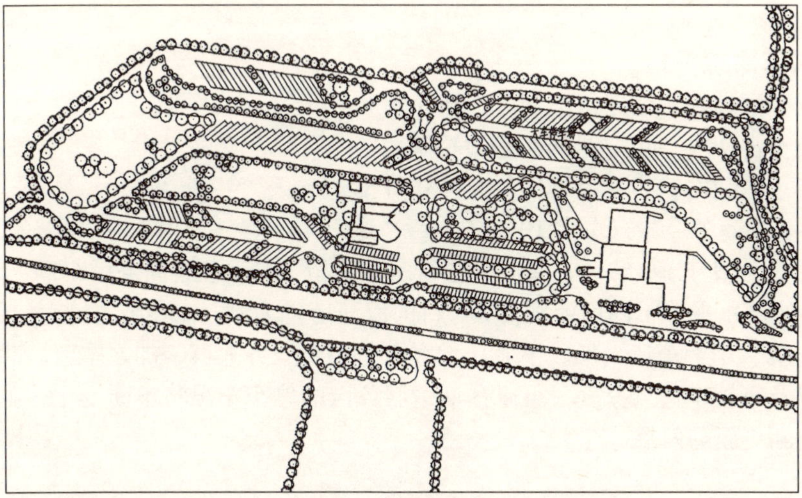

b

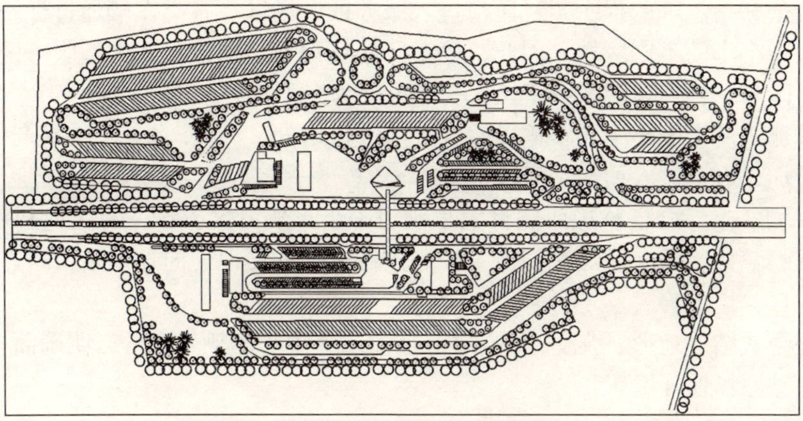

c

图 2-11 法国服务区布置

图 2–12 某跨线服务区内景

2.3.3 各部分的设计要求

1. 服务区车况分析

据调查，国外服务区停留车辆可归纳为四类：

（1）轿车占 70%，主要是两厢家用轿车；

（2）货车占 20%，主要是标准集装厢式货车；

（3）7~9 座商务、旅行车占 10%；

（4）少量大型客车，节假日有部分旅行房车停留，我国各省服务区车辆，因地区差异、主线情况、经济水平等不同而差别很大，目前以河南省为例，在穿越省境南北的京港澳线，大货车占 50%，小客车还未形成主流，大客车是主要服务人群，加之季节、时间、节假日的不同，以及小轿车进入家庭，可以预期，服务区的停车车况将不断变化，服务区的设计理念也将不断更新与发展。

2. 停车区布置

从高速公路指示牌的提示，经匝道进入服务区、场区、各类车辆通过标牌、标线引导分别进入大中小车的不同区域。因此，停车区的场地与道路设计在大型服务区中显得更为重要，停车区与综合楼功能联系密切，一般可分为以下三种（图 2–13）：

（1）单侧式。大中小不同车辆以综合楼前进行划分，人、车场地车道易产生交叉混杂，道路面积增加，大车进入加油站弯道不易布置。

（2）双侧式。综合楼长边两侧将大车辆与中小车辆分区安排，有效地利用场地面积，停车空间观瞻较好，给前区绿化创造了较好条件，并方便地通向加油站，缺点是增加了大车路线。

（3）混合式结合地形、坡度、综合楼、加油站大中小车辆停车分区明确而自由地布置，能较好地保护原场地环境。

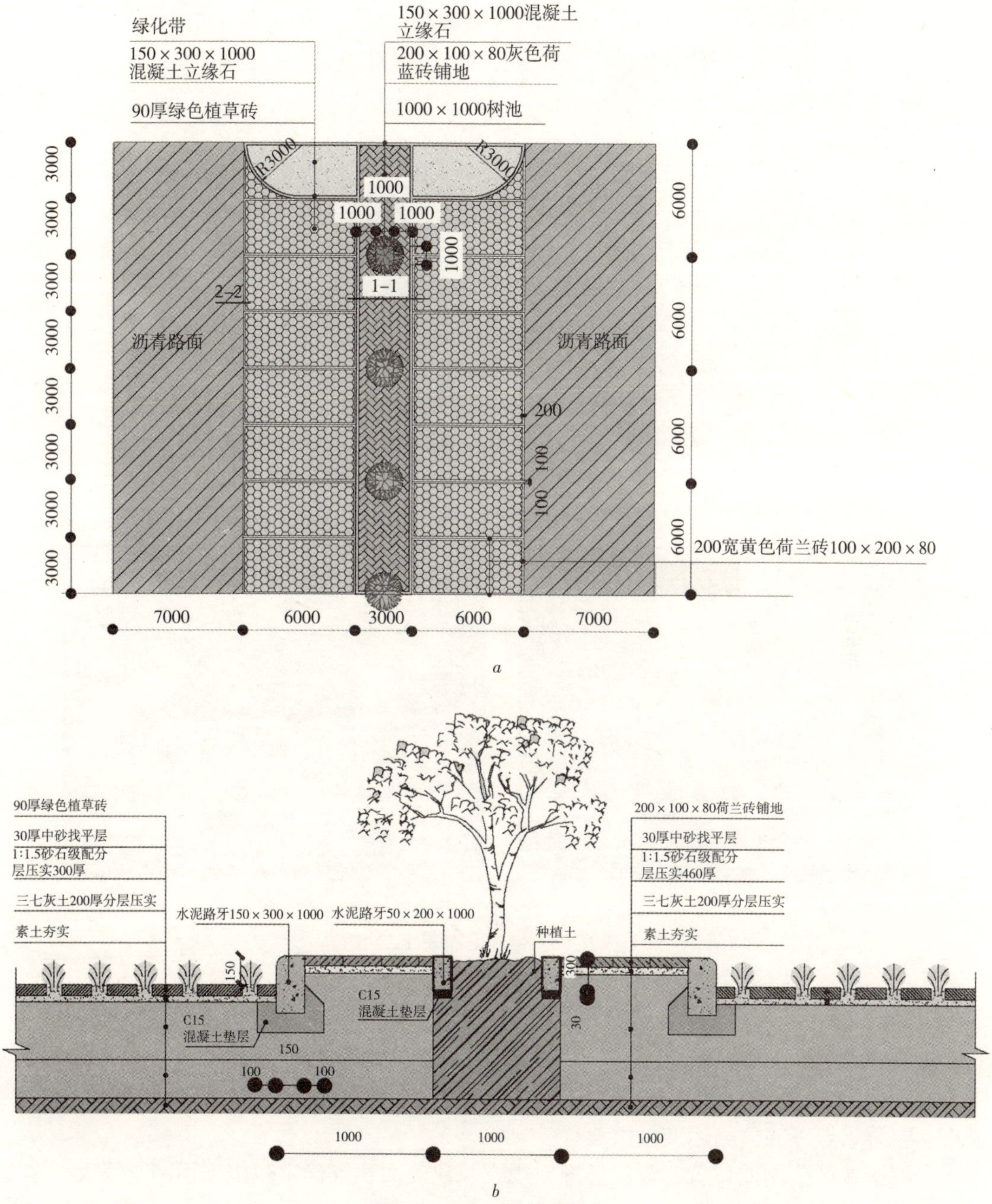

图 2-13 停车区布置（一）

a- 停车场铺地平面图；*b*- 1-1 剖面

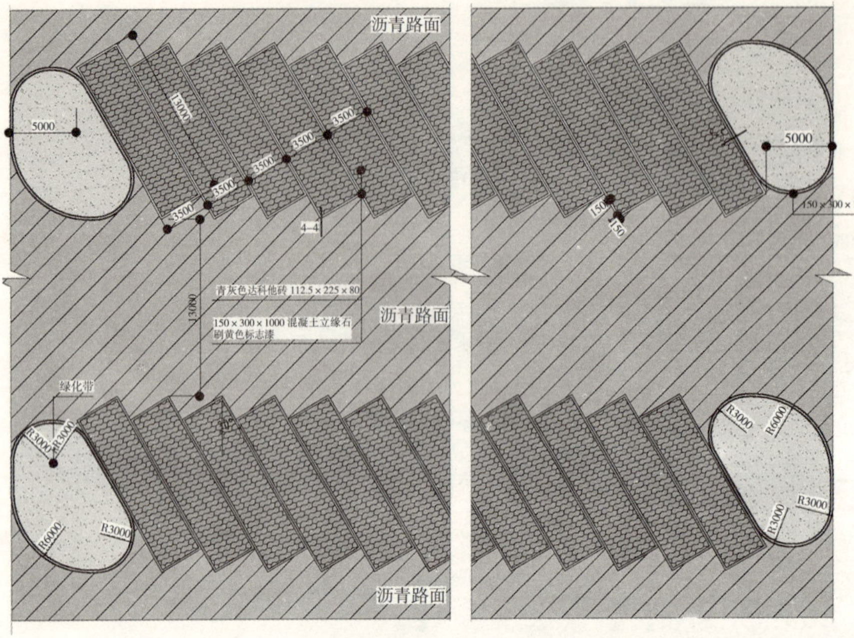

c

d

图 2-13 停车区布置（二）

c- 大客车停车场；*d*- 残障人士专用停车场

3. 房建部分

（1）公厕。厕所的设计、管理、卫生，显示着社会的文明程度，有关部门相继制定的城市、旅游景点等的公厕标准可供参考。

大型服务区公厕的位置，设计标准、规模、建筑面积等确定应根据不同主线大型客车的运行及驶入率，进区时间、厕位周转率等，得到了各级部门的重视。目前有的省、市、县作了初步调查，但综合分析有待深入，结论有待检验，目前大都是根据相关经验确定。

男女出入口的分设、残障人士的专用厕位、环保清洁人员的休息、管理用房，以及厕所内部的流线、标识、铺装材料，洁具的选择，厕所的采光、通风、排气等措施都应一一细致考虑（图 2-14、图 2-15）。

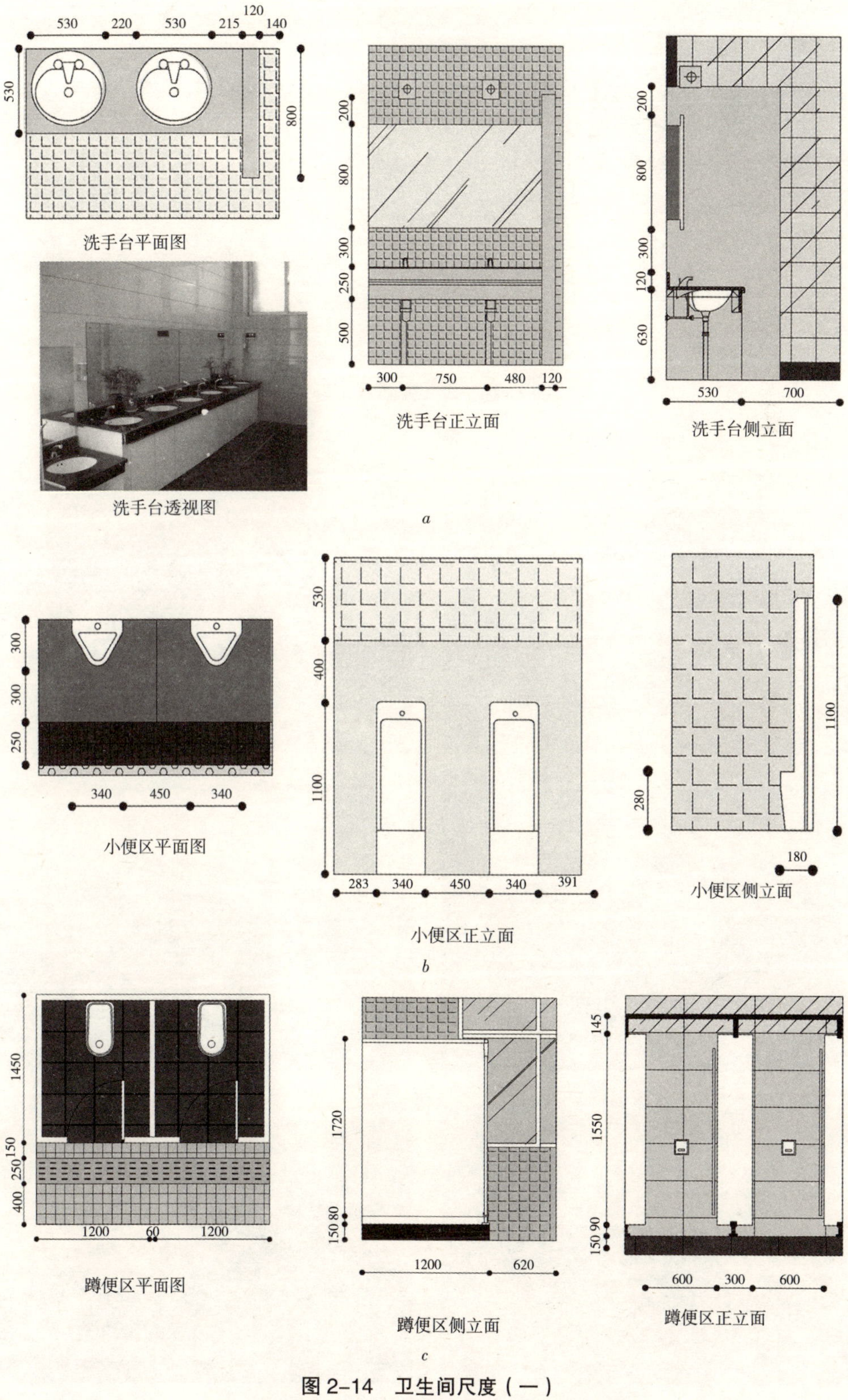

图 2-14 卫生间尺度（一）

a- 卫生间盥洗台；*b*- 卫生间小便池；*c*- 卫生间蹲便池

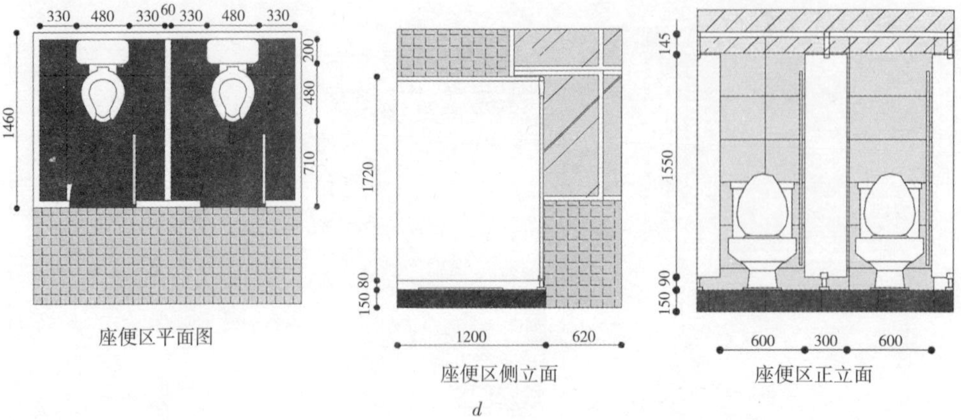

图 2-14 卫生间尺度（二）

d- 卫生间坐便间

图 2-15 国外公共卫生间示例（一）

图 2-15　国外公共卫生间示例（二）

（2）餐饮。一般服务区餐饮供应的方式、种类，目前较为单一，以快餐或小炒为主，经营方式大都为承包制，品种、质量缺少层次，餐厅服务以柜台自选。近年来部分服务区餐饮已引入多项经营竞争机制，品种增加，质量逐步提高。

餐饮部分应包括餐厅、厨房、食品仓库，工作人员男女更衣、休息、厕所等组成，它的布置方式与就餐方式直接相关，如多种经营的就餐方式，有的采用柜台式服务或特色快餐的经营等。如有的服务区引入著名连锁店的经营，如肯德基、麦当劳等品牌快餐服务，以其统一的标识进入服务区餐饮服务。因此，改革经营方式、转变经营理念是服务区提高服务质量的重要因素。

1）餐饮人体活动尺寸（图 2-16）；

2）餐桌椅、柜台布置（图 2-17）；

3）厨房的设置；

4）相关设计数据，如就餐人员数量、就餐时间、餐厅使用率 / 以及参考就餐座位 1.5m²/ 人，厨房与餐厅相应比例确定餐厅规模等。

随着特色供应的要求，采用食街布

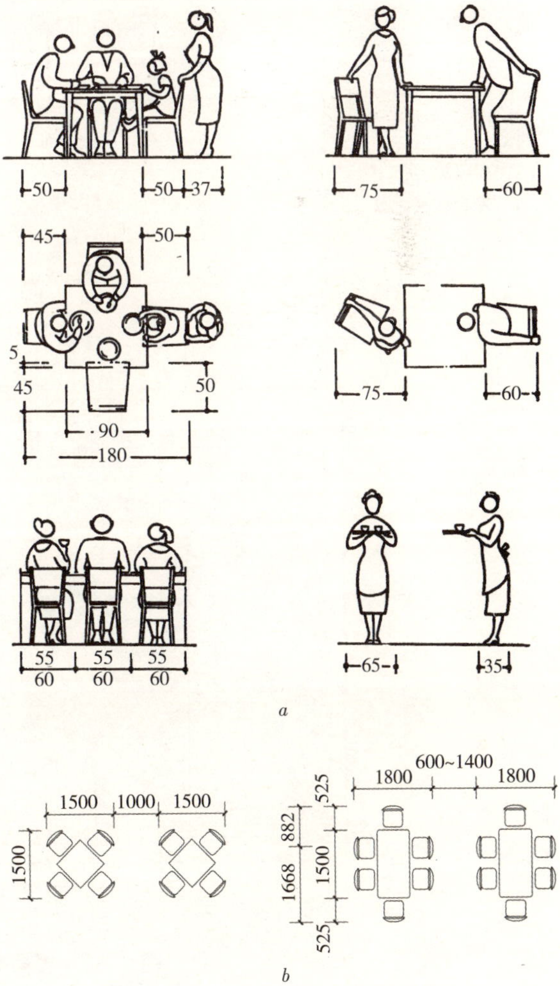

图 2-16　餐饮人体活动尺寸

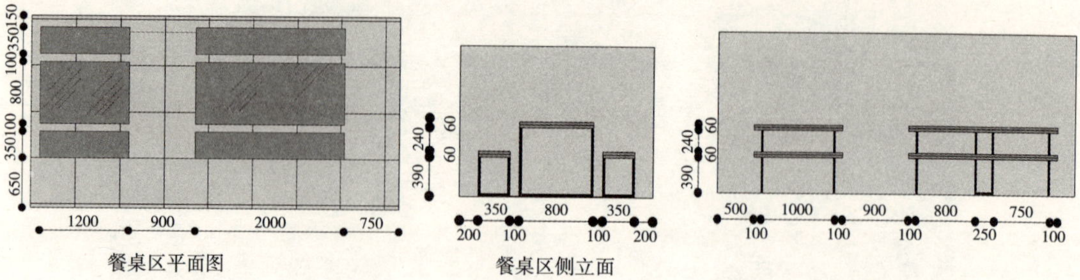

a

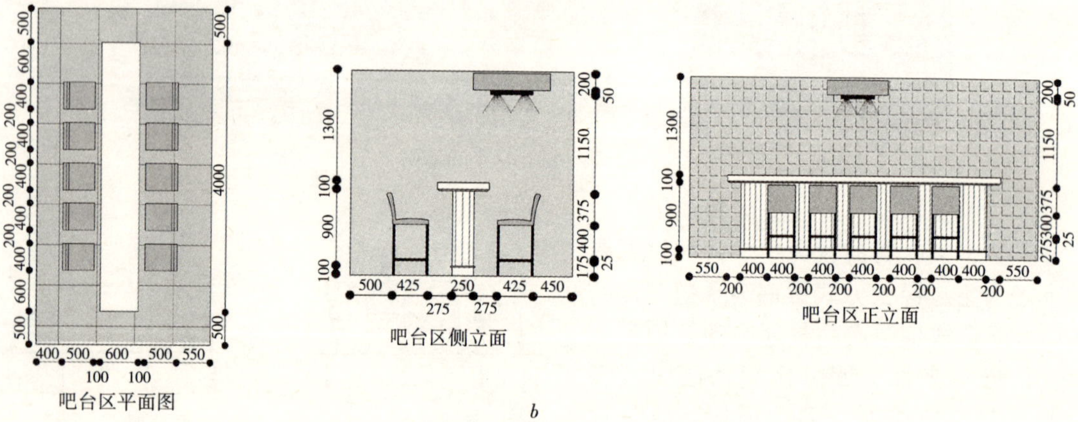

b

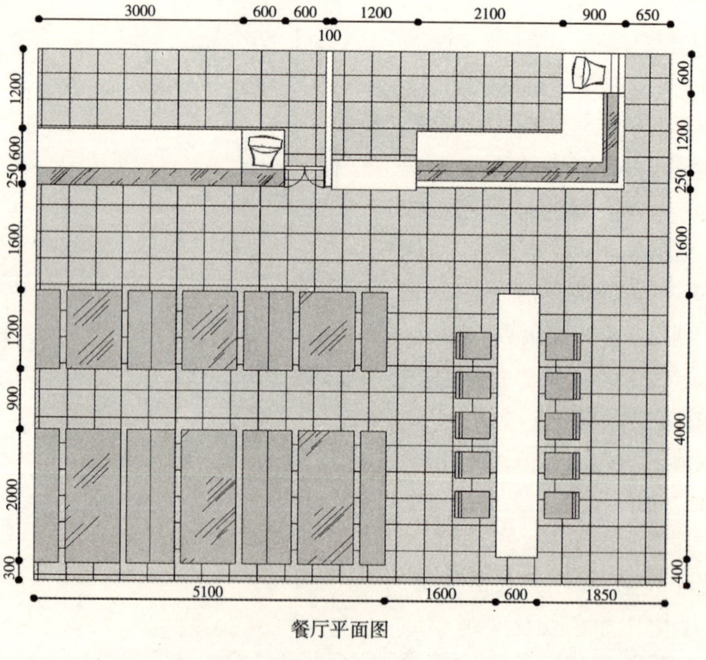

c

图 2-17 餐桌椅、柜台布置（一）

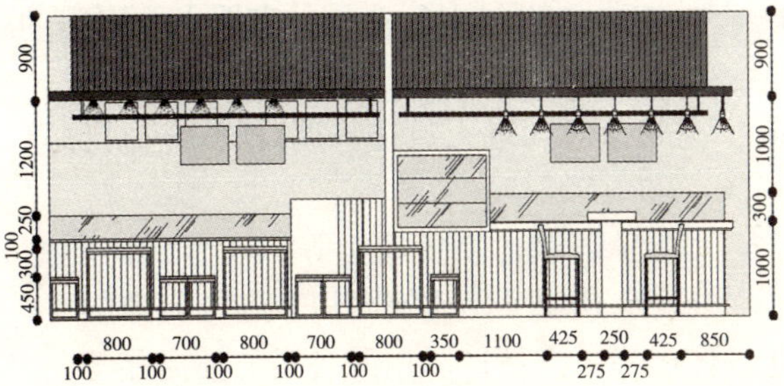

餐厅正立面

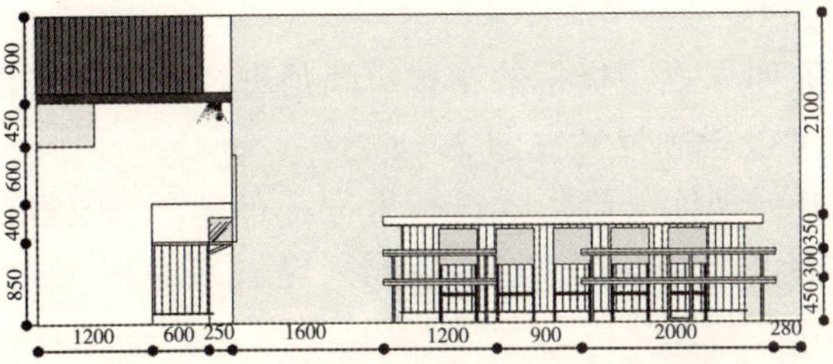

餐厅侧立面（一）

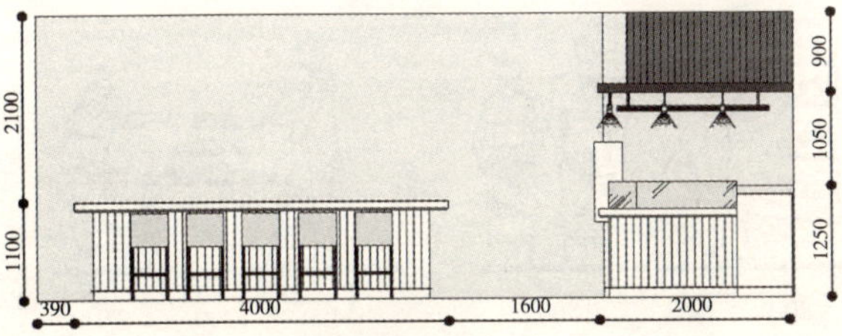

餐厅侧立面（二）

c

d

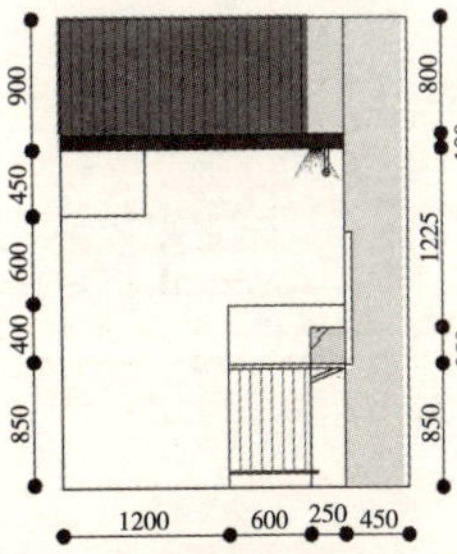

柜台侧立面

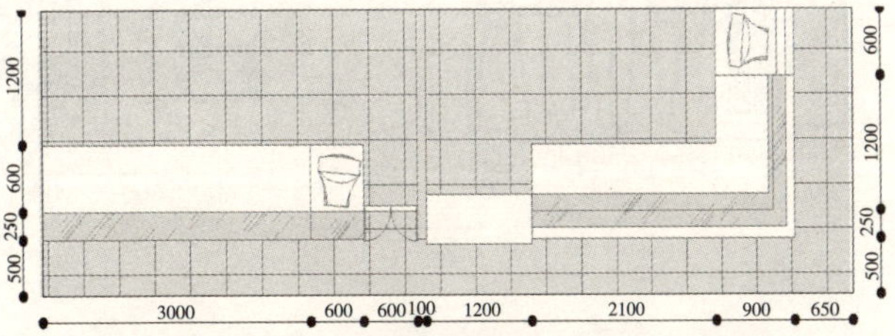

柜台平面图

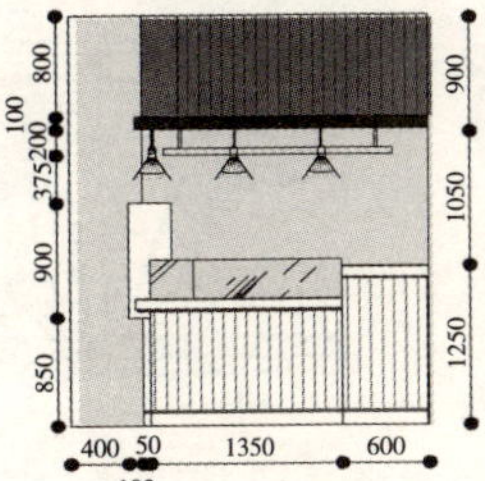

柜台侧立面

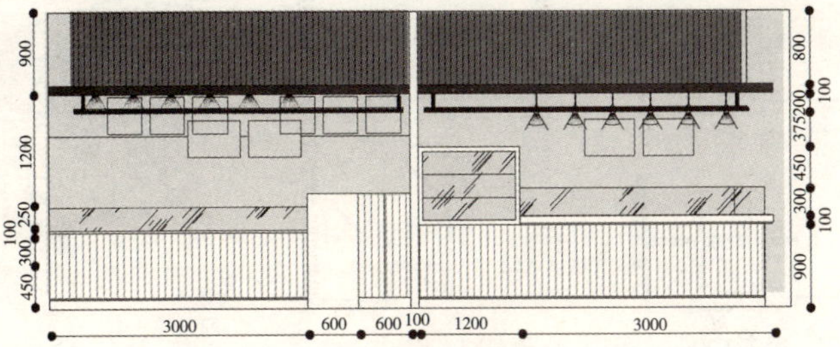

柜台正立面

e

图 2–17 餐桌椅、柜台布置（二）

置方式，供应直接面向顾客。餐厅的规模决定着顾客的数量、座位的布置以及厨房的配置等。

（3）商业服务设施

高速公路服务区的商业服务设施，主要针对司乘人员在长途行驶中进行休息、购物、就餐、如厕等需要而设置的。

商业服务一般有超市（自选商场）、小卖部、自动售货柜等不同方式，设施的规模、标准不一致。通常有以确定的停车车位数确定其规模（建筑面积）进行安排。

商店以经营日常旅行用品，当地名优产品，土特产品以及各类方便商品等，自动售货柜以小食品、饮料为主。据调查，商店的经营效益，顾客一般喜爱超市与小卖部结合的形式，仅设超市或仅设小卖部则效益最差。

1）货架的布置。以不同商品的陈列方式，货柜的布置、间距进行安排，并设置收款台以及隔离措施自选购物厅。人体尺寸及设施尺寸见图 2-18。

2）布置方式。以适当的通透栏杆或地面升降形式进行售货区布置，一般宜在大空间中作敞开式布置，为吸引顾客游逛中延长逗留时间，激发购物兴趣（图 2-19）。

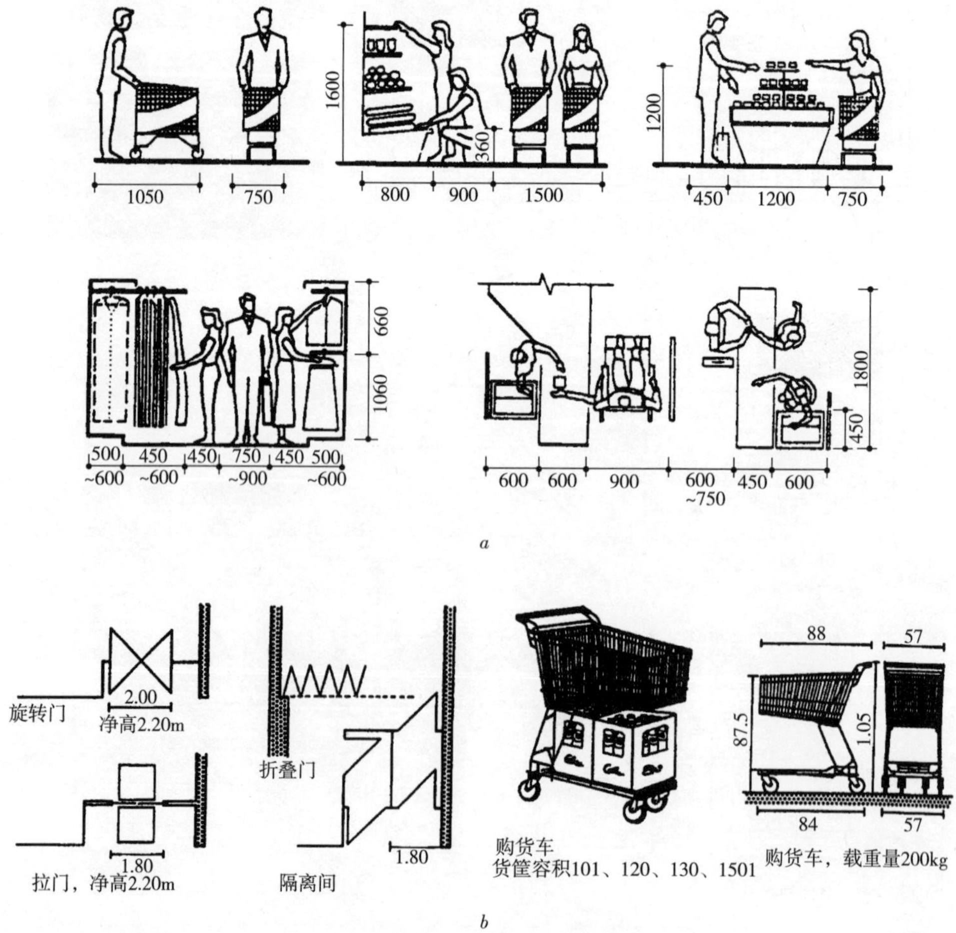

图 2-18 购物厅人体尺寸及设施尺寸（一）

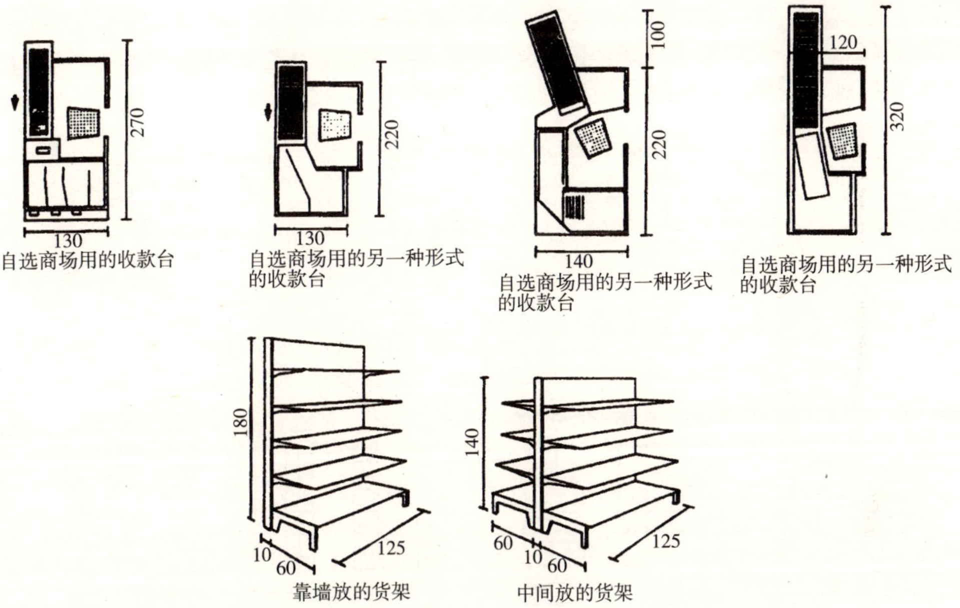

c

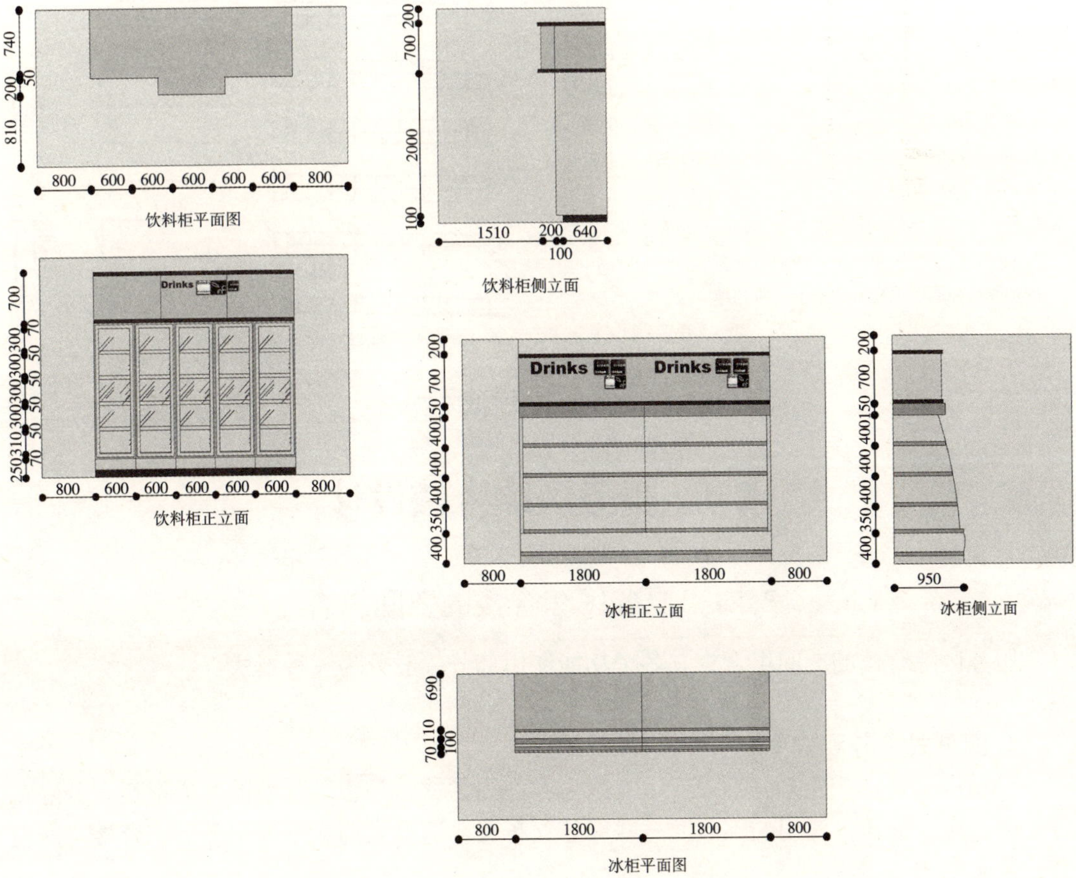

d

图 2–18 购物厅人体尺寸及设施尺寸（二）

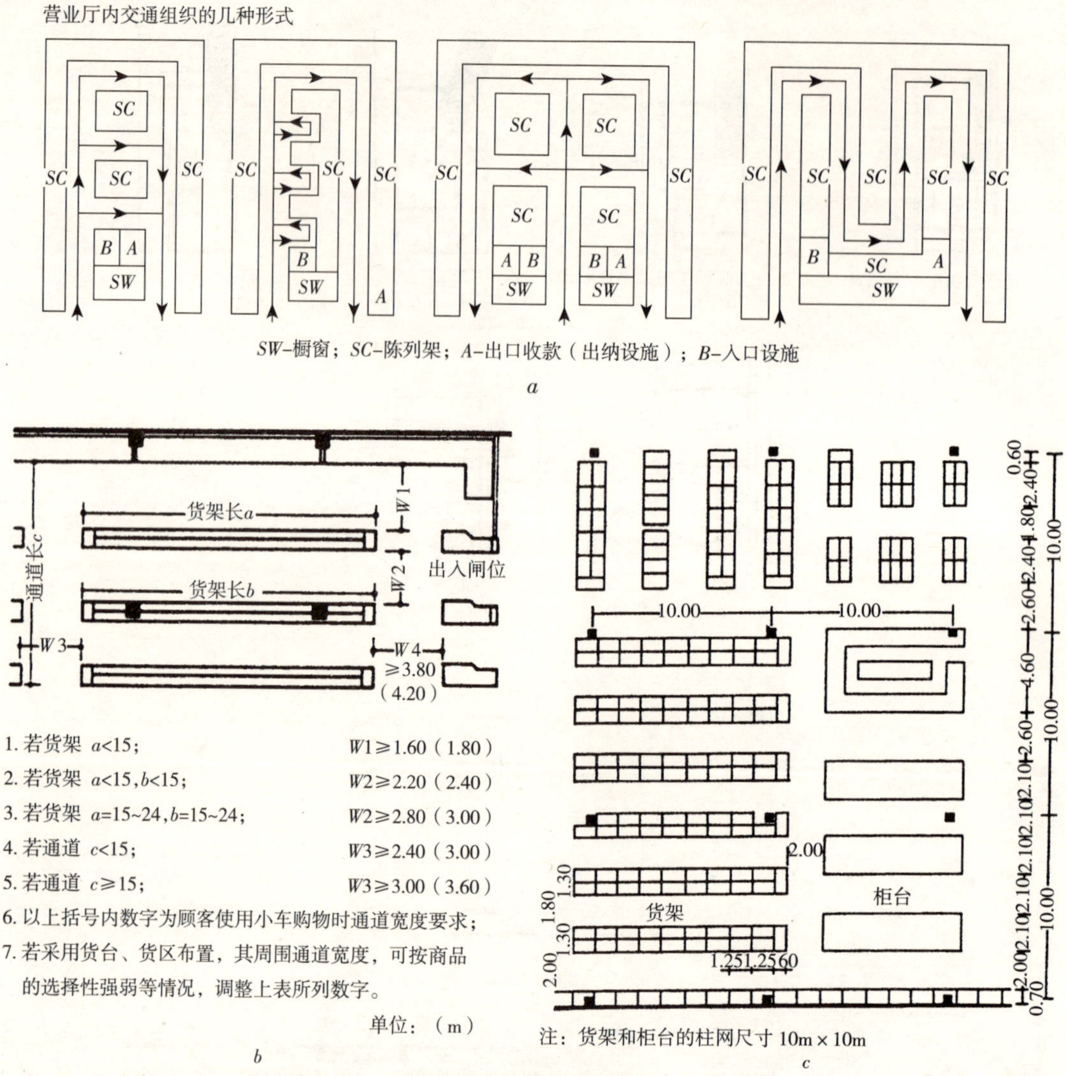

图 2–19 超市布置方式

2.4 服务区综合楼设计

2.4.1 服务区综合楼的空间组合

服务区综合楼的空间组合，其各个功能使用部分一般分为三种形式：

1. 间隔式（分离式）布置

以超市、餐厅、住宿分别设置，或以大厅作为餐饮、超市、住宿的交通枢纽，分隔布置公厕，由于管理、使用的不同通过联廊独立布置，这是当前大中型服务区综合楼空间组合的普遍模式。

这种方式使各部分独立，与管理经营，较难适应人流到达服务区的行为活动方式的需求，缺乏商业服务的氛围，例如人们在逛、游、购、憩多种活动进行中激发某种需要，分隔布置将削弱了综合性行为的特征。

有的综合楼布置以一般办公楼为模式，各服务区综合楼，设置不等数量的客房，由于定价、内部设施、管理等与专业化水平的相距过远，入住率普遍较低。

图 2–20 为双侧间隔式服务区布置及空间组合

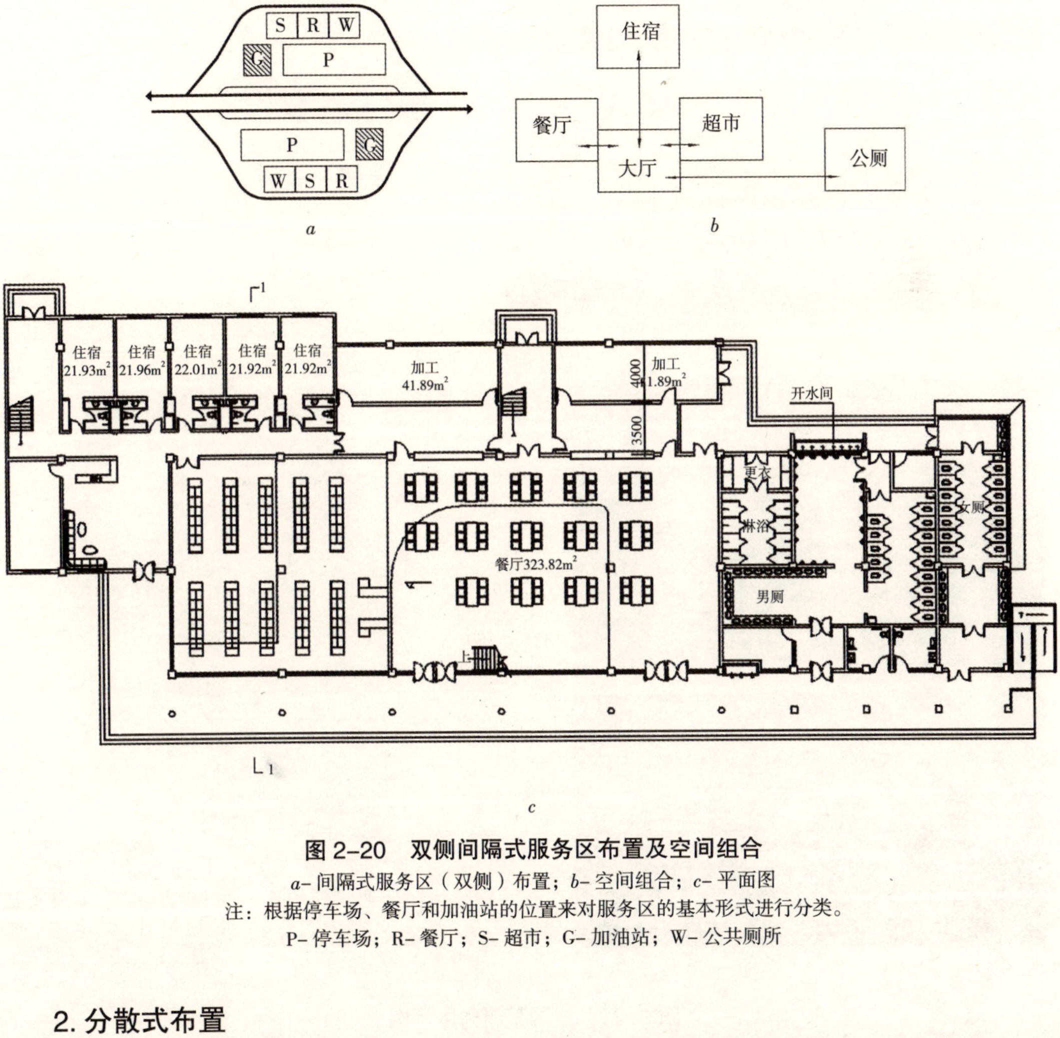

图 2–20 双侧间隔式服务区布置及空间组合

a– 间隔式服务区（双侧）布置；*b*– 空间组合；*c*– 平面图

注：根据停车场、餐厅和加油站的位置来对服务区的基本形式进行分类。

P– 停车场；R– 餐厅；S– 超市；G– 加油站；W– 公共厕所

2. 分散式布置

早期的服务区综合楼有将公厕、超市结合布置，而餐饮分散设置。在欧美国家，为适应场地条件，结合不同停车区域，采用自由式平面布置。这种方式，有较大的灵活性与适应性，如结合加油站，附设超市、住宿、餐饮采用不同的布置方式（图 2–21）。

3. 综合大厅式布置

以综合性商业建筑的模式，大厅集中式布置，在大型服务区是常见的一种模式，它将购物、就餐、如厕纳入主要空间中安排，区域划分交融，将购、逛、饮、憩多种方式结合，室内空间功能划分灵活、多样、活泼，装修特色显著，适应现代人生活多样化的需求，但必须在软件上加强措施与管理，如公厕布置一旦管理下降，就严重影响其他的服务质量（图 2–22）。

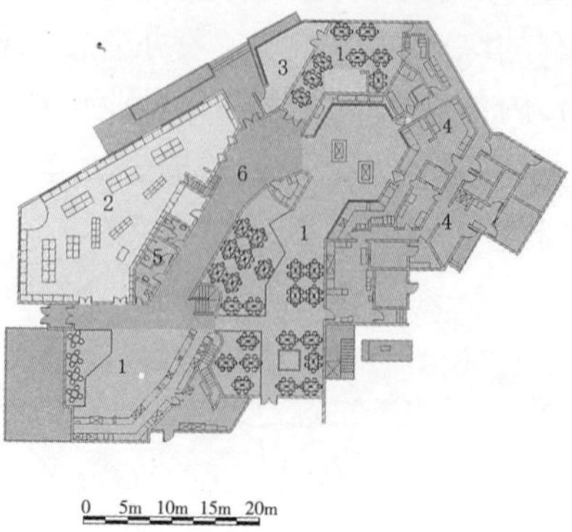

首层平面图
建筑面积：1181.8m²

1- 餐厅； 2- 超市；
3- 休息区； 4- 操作间；
5- 卫生间； 6- 通道

a

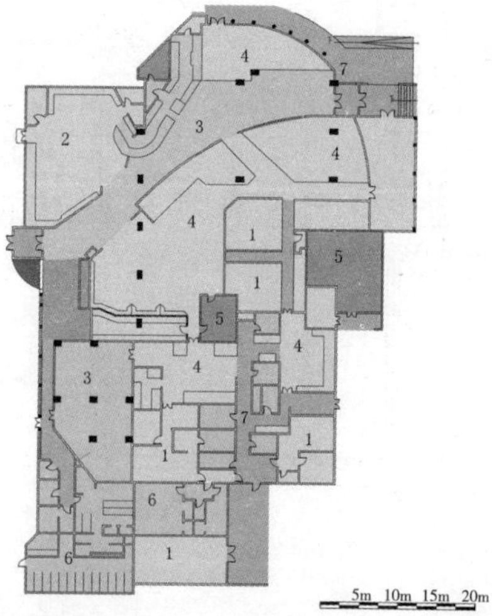

首层平面图
建筑面积：2810m²

1- 公共活动； 2- 超市；
3- 餐厅； 4- 休息室；
5- 操作间； 6- 卫生间
7- 通道；

b

图 2-21 法国某服务区示例

a- 法国 13 号服务区；*b*- 法国 27 号服务区

总之，服务区综合楼布局形式，必须因地制宜，结合主线定位、规模、地区条件、管理方式等全面考虑。“一刀切”的做法，难以适应形势发展的需要。

2.4.2 综合楼选例分析

在本书实录中有国内外服务区综合楼设计的不同选例，因地制宜，因条件而异产生多样的不同风格，本章虽阐述与归纳了设计的共性原理与基础知识，设计中应在实践基础上不断总结创造，这不仅是建筑创作的根本特点，同时也是适应时代发展的要求。

2.5 加油站

2.5.1 加油站设计主要因素

加油站设计涉及的因素有：服务区中加油站位置的选择、规模、场地、服务区与主线的关系、服务区的区位、形式以及加油车辆数，即驶入量 × 加油率，而驶入量的大小更直接影响加油站的规模，其他因素如车型数量，加油周转率、车辆运行距离等。

加油时间一般大型货车平均加油时间为 4 分钟 30 秒，而小轿车平均加油时间不足 2 分钟。大、中、小型客货车加油通道面积、宽度不等，直接影响加油站的适应性。因此，在主干线的高速公路服务区一般采用了大型车、小型车分列布置的方法，从而提高了加油站的工作效率（图 2–22）。在河南高速公路发展有限公司所属 19 个服务区（停车区）、累计 18 处加油站调研基础上进行加油站分型加油改造，其中有 18 个设在服务区入口处，20 个设在服务区出口处，如设在出口处的布置方向与大型货车（尤其是加长货车）进出方向，匝道口的驶入角度应较好的协调，以保证出口的通顺，避免车辆排队、堵塞，

效果图

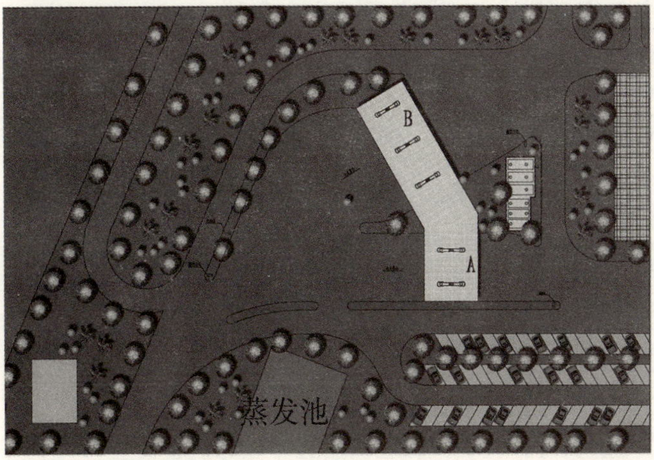

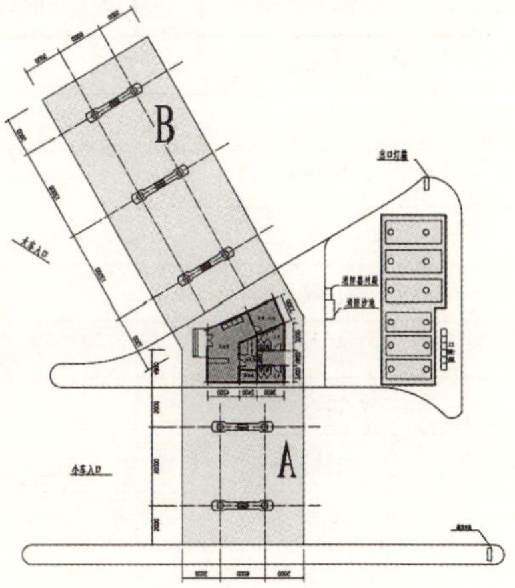

平面布置图

a

图 2–22　加油站布置

a– 分离式加油棚布置图

b

c

图 2-22 加油站布置（续图）

b- 国内加油站示例；c- 国外某加油站

等待时间加长。同时，应预留非加油的汽车通道，在大型服务区的加油站还应增设小型商品零售点及卫生间等设施。

目前，加油站的规模基本上以国内外的实践经验参考加油站使用的调研情况结合上述方面等综合考虑（表 2-8~ 表 2-11）。

加油站的规模 表 2-8

计量器	加油场地	办公	洗车	其他	总计
4~6 座	$300m^2$	$120m^2$	$80m^2$	$50m^2$	$470m^2$

服务区加油站设置 表 2-9

服务区名称	加油站面积（m^2）	月加油量（t）	台数
浦南	500	600	16
赣马	500	500	16
王兴蒋庵	1600	430	32
新兴	500	60	8
老圩	1200	250	8
兴泰	1000	464	8
刘陈	156	700	8
堰桥	9600	1200	12
西湖	7500	1000	6
沙溪	1050	1500	12
芙蓉	800	45	12
新桥	—	2941	12
太湖	300	1400	12

续表

服务区名称	加油站面积（m^2）	月加油量（t）	台数
天目湖	2000	400	8
东庐山	1000	800	8

各时段加油车辆及加油比例调查结果 **表 2-10**

时段（时）	驶入车辆（辆）	加油车辆（辆）	加油比例（%）	时段（时）	驶入车辆（辆）	加油车辆（辆）	加油比例（%）
10 ：00	16	5	31.25	13 ：00	16	4	25.00
10 ：10	20	3	15.00	13 ：10	12	5	41.67
10 ：20	31	4	12.90	13 ：20	12	0	0.00
10 ：30	26	6	23.08	13 ：30	10	3	30.00
10 ：40	13	4	30.77	13 ：40	12	1	8.33
10 ：50	26	5	19.23	13 ：50	16	4	25.00
11 ：00	13	4	30.77	14 ：00	12	2	16.67
11 ：10	17	6	35.29	14 ：10	17	6	35.29
11 ：20	9	4	44.44	14 ：20	35	11	31.43
11 ：30	15	2	13.33	14 ：30	41	15	36.59
11 ：40	17	4	23.53	14 ：40	50	21	42.00
11 ：50	11	2	18.18	14 ：50	27	9	33.33
12 ：00	11	4	36.36	15 ：00	34	9	26.47
12 ：10	24	10	41.67	15 ：10	35	12	34.29
12 ：20	17	4	23.53	15 ：20	39	7	17.95
12 ：30	14	6	42.86	15 ：30	41	4	9.76
12 ：40	15	4	26.67	15 ：40	36	6	16.67
12 ：50	11	3	27.27	15 ：50	31	4	12.90

京秦高速公路各服务区加油率 **表 2-11**

服务区	卢龙	玉田	山海关	滦县	北戴河
加油率（%）	25.96	20.15	18.57	23.86	27.47

加油站的设置规模应考虑以下方面：

1）加油站设计的基本要求；

2）加油站计量器的数量及其布置；

3）加油站车辆通道的布置。

2.5.2 加油站的组成

加油站一般由加油区、服务中心、监控室等组成。加油区内除通道外，还应设置加油岛、安全岛、加油机、防撞柱、大小车辆分隔标线等。

1. 加油棚设计

以车辆大小合并或分离加油的模式以及加油站的规模等，加油棚布置有：

（1）单一式加油棚；

（2）分离式加油棚。在早期加油站设计中，以大、中、小车合一的加油棚，加油车道数量一般根据服务区不同规模确定。结合大型车辆在长度、宽度及加油率的不同情况，在大型服务区采用大、小车辆分设加油区、加油天棚的做法，以利提高服务效率及加油站通行能力。

2. 加油棚的造型

加油棚设计一般采用轻钢结构，以缩小柱径，方便通行，造型简洁，标识清晰、显明。

3. 加油站的附属建筑及布置方式

加油站除加油区、天棚外，附设服务中心，可按不同规模设置付款，出售机油及车辆部分零件以及职工休息等用房，目前我国石油供应商按统一标准设计进行加油站建设。

4. 服务区的加油站、修理间（场）与洗车台

服务区的加油站、修理间（场）与洗车台等一般相邻布置，通常有两种布置形式。

（1）入口型：将加油站、修理间（场）、洗车台等布置在服务区入口处，可根据需要进行加油与修理。这种布置形式，在加油的车辆较多时，有可能影响匝道上车辆的行驶。

（2）出口型：先停车、休息，再进行加油、维修、清洗等，这种布置形式，使驾驶员有足够的时间考虑车辆是否需要加油、维修、清洗等。

以下通过服务区不同位置设置加油站的交通流线布置进行选例分析

方案一：信阳服务区（图 2-23*a*），停车场按车型以综合楼为界分为前后两大停车区域，加油站采用 L 形加油棚形式，客、货车行车方向均与加油岛方向平行，车辆加油后可直接进入加油站出口区域用地；加之加油岛呈“横一”布置，每个加油岛仅设一台大流量双枪加油机，从而较好解决了加油堵车的问题。

（1）为方便驶入服务区直接加油的车辆，将加油大棚外侧加油车道与贯通匝道距离控制在 10m 左右避免了此类车辆加油需向后场绕行的问题。

（2）为保证不加油大型车辆能顺畅驶离服务区，在加油站站房后侧专设了 7m 的快速通道，以避免加油车辆占道引起的道路堵塞。

（3）为方便货车停车区车辆加油，拟在场区后部加设 IC 卡自动加油机两台，以缓解前区加油站压力。

方案二：原阳服务区（图 2-23*b*）加油站

（1）采用一字形顺进顺出式加油岛设置方式，对于大型车辆的加油较为方便，但由于大型车辆长一般在 16~22m，车辆加完油后需经过两次转弯半径大于 20m 的变道，才能从加油区顺利驶入服务区出口匝道。按图所示，原阳服务区预留了 50m 的长度用于出车，存在服务区部分用地仅作为车辆通道，不能有效用于其他经营场地的问题。

2）加油站最外侧加油车道距离贯通匝道为 42.5m，存在从进口匝道驶入，以及在服务区前广场停留的车辆加油进入加油站绕行的问题。

3）服务区出口位置专设有待车区，这种看似人性化的设计，反而增大了服务区出口堵塞的几率；另外，通过对加油站经营者的调查，此种方式对加油站的使用安全存在隐患，加大了加油站的管理难度。

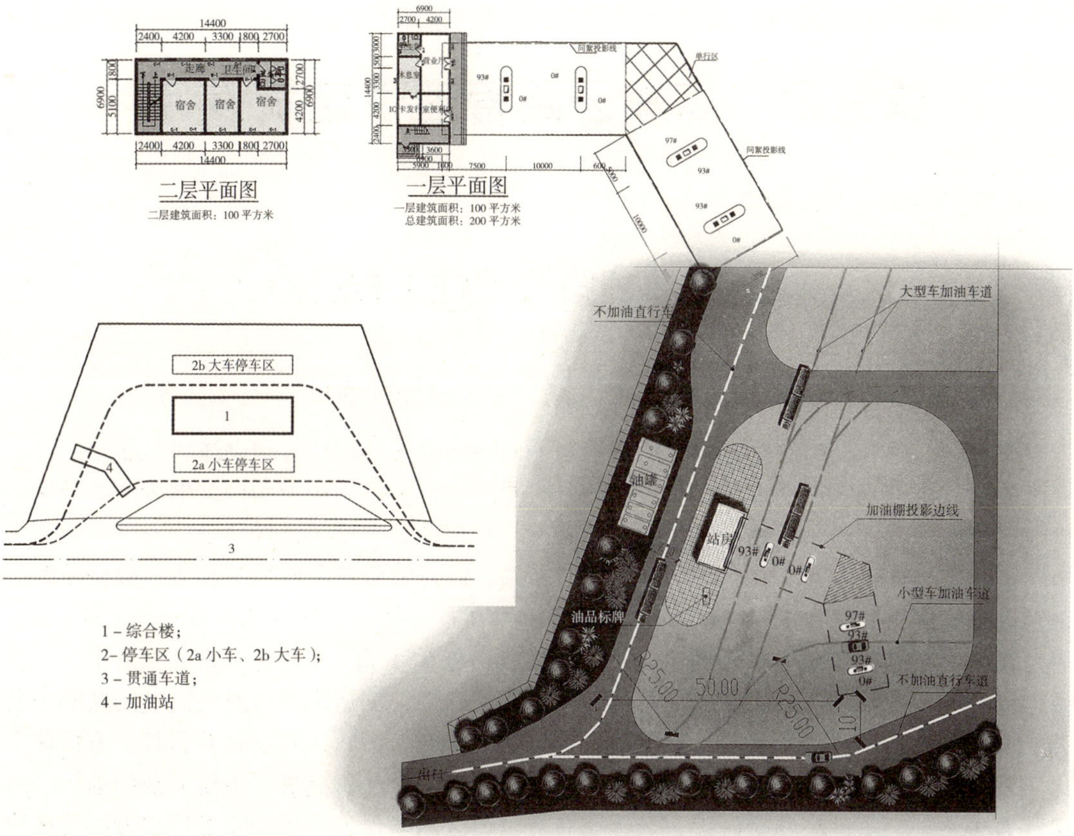

1 – 综合楼；
2– 停车区（2a 小车、2b 大车）；
3 – 贯通车道；
4 – 加油站

a

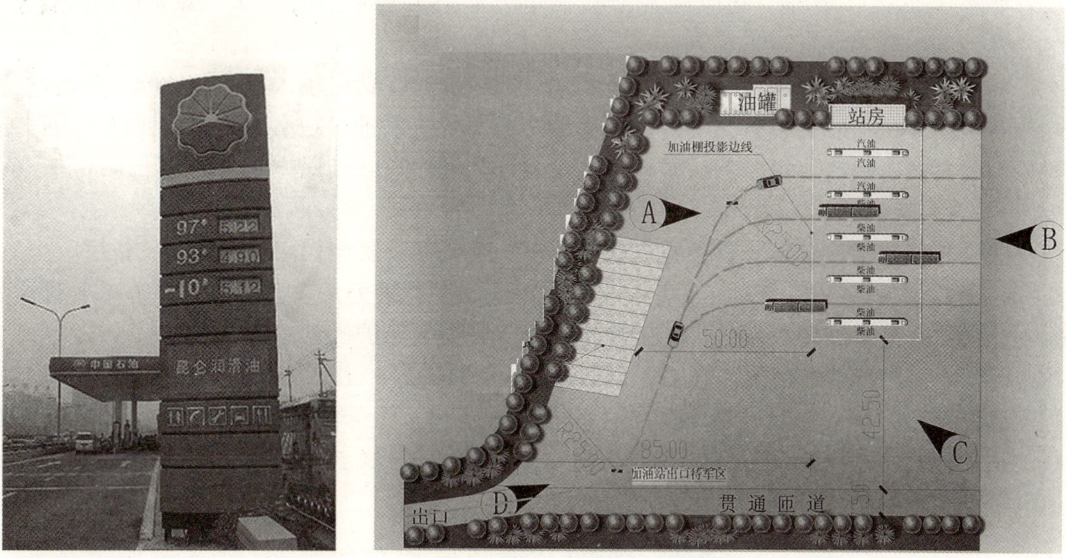

b

图 2–23　服务区加油站布置示例

a– 信阳服务区；*b*– 原阳服务区

第三章　高速公路管理性建筑设计

3.1　高速公路管理性工程特点

3.1.1　高速公路管理设施的选址

高速公路沿线设施应在主线的总体规划下，进行服务设施与管理设施的选址。

管理设施分为：管理机构、监控系统、收费系统、通信系统及照明配电等。涉及房屋建筑的设施为管理机构及收费系统中的收费站。管理机构包括了监控通信中心、监控通信分中心及监控通信站等。收费站包括主线收费站、匝道收费站及收费天棚等。收费站既是高速公路的重要组成部分，也是公路沿线所在地区的服务窗口，从选址、用地、规划、设计除了应遵循规划建筑设计、合理布局、完善功能、尊重环境、节能、节地、塑造个性、营造空间的一般原则外，还应考虑交通管理建筑的特殊性，创造出适应时代需求的新的公共建筑类型。其次选址应从建设、管理及维修三方面综合考虑，以利于运营管理、方便职工上下班、接近城镇等。此外，应尽量避免靠近村镇地形低洼、高坡，地质复杂的地段。除主线收费站外，匝道收费站可优先选择在立交匝道区内建设，尽可能将桩号接近的管理机构与收费站合建在同一场区内。此外，还应注意场区出入口位置与收费广场交叉口的关系，布置要紧凑，以节约用地。还应考虑供电、给排水、高压线的走向，以及气象条件的影响等。

选址的一般要求有下列几点：

（1）收费站场区选址应临近收费广场，一般设立在收费广场入口方向一侧。收费站房内收费站监控机房应设有较大的外窗，便于在突发状况下进行观察、监控及处置。当管理机构与收费站合建时，场区的位置还应尽量靠近交通通道处，以方便管理人员工作和车辆出入；

（2）当路段中设有较长隧道时，应在隧道临近位置设置监控室及必要的设备用房；

（3）高速公路的养护工作可由专业企业承担，高速公路的管理机构仅设养护管理所，设在路段的起终点或中段与其他场区合建，以方便大型养护机具的临时停放；

（4）管理设施的布局主要取决于管理设施项目内容，其主要建筑物如收费站房、监控管理办公楼、职工住宿、餐厅以及附属建筑物，如门卫、车库、配电、泵房等。各个项目的用地规模、建设标准，依据国家及有关部门制定的相关技术标准，项目投资情况以及主管部门的批复进行设计。

3.1.2　管理设施项目与布局

依据确定的管理设施项目、位置、用地规模（表 3–1、表 3–2）进行布局，一般应考虑以下几点：

收费站用地面积及建筑面积分配参考表 **表 3-1**

用地面积（hm²）	总建筑面积（m²）	办公（m²）	监控室（m²）	机房（m²）	会议室（m²）	财务票据（m²）	厨房餐厅（m²）	住宿（m²）	其他（m²）
主线收费站（12 车道）0.80~1.00	1350~1700	240~300	60~80	40	60~80	40~60	80~120	450~600	350~400
匝道收费站（6 车道）0.30~0.50	850~1000	150~180	60	40	40	20~40	60~80	240~280	200~260

监控通信（分）中心、监控通信站用地指标及建筑面积分配参考 **表 3-2**

用地面积（hm²）	总建筑面积（m²）	办公（m²）	会议（m²）	监控机房（m²）	收费机房（m²）	通信机房（m²）	机房维护（m²）	厨房餐厅（m²）	住宿（m²）	其他附属项目（m²）
监控通信中心 2.0	5000~8000	1800~3000	300~500	400	200~240	200~240	80~100	400~600	1400~2100	220
监控通信分中心 1.3333~1.6667	3000~4000	1300~1700	150~200	200~240	100~120	100~120	80~100	180~240	800~1000	220
监控通信站 1.30~2.00	800~1200	200~300		60~80	60~80	60~80	20~30	40~60	140~300	220

（1）主体建筑在场地上的定位是规划布局的关键因素。设计时应结合建筑朝向、主要出入口、内部道路合理场地布置，使场地发挥充分的经济效益与环境效益。

（2）结合基地形状、方位，一般宜将办公、监控、住宿、餐厅等建筑集中布置，并在主楼四周形成环道，分清功能主次，分设不同功能的出入口，以避免相互干扰。

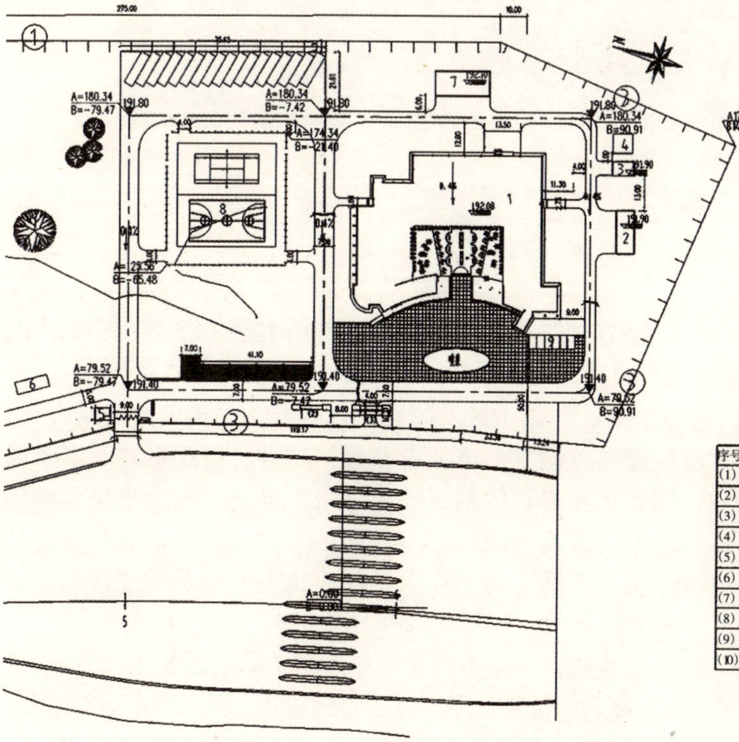

建筑物、构筑物一览表

序号	建筑物名称	面积（m²）	备注
1	综合器	6067	
2	配电房	109.7	
3	泵房	44	
4	清水池		150m²
5	门卫	28	
6	污水处理		地理式
7	维修车库	187	
8	体育场	1277	参见 05YJ P123 17
9	小车停车位	18 辆	数量
10	客车停车位	2 辆	
11	坏车停放	17 辆	
	合计	7712.7	

主要技术经济指标及工程量表

序号	名称	单位	数量	备注
(1)	用地面积	m²	50040	75 亩
(2)	建筑物占地面积	m²	2551	
(3)	构筑物占地面积	m²	104	
(4)	道路广场及停车场面积	m²	6300	
(5)	绿化面积	m²	38809	
(6)	总建筑面积	m²	6557.7	
(7)	建筑系数	%	5.3	
(8)	建筑容积率		0.13	
(9)	绿化系数	%	77.5	
(10)	体育用地	m²	1277	

a

图 3-1 郑尧线郑州南监控中心（一）

a- 总平面

b

c

图 3–1 郑尧线郑州南监控中心（二）

b– 外景；*c*– 收费天棚

（3）路政、养护及监控设施应考虑工作车辆、作业车辆的停车位置与主要道路出入的方便。住宿部分应有较好的朝向与日照条件等。

（4）高速公路收费站，管理处、所，养护工区及收费天棚等作为高速公路建筑设施，除应满足各种功能要求外，对改善道路单调性，增强道路可识别性、可记忆性，以及改善驾驶员疲劳感具有重要作用。因此，在建筑体形与环境景观设计中，应力求将其作为高速公路之景点来考虑。在建筑造型与环境景观处理上应简洁、大方、明快、与高速公路路体、线形及周围环境相协调。场区布局应为工作人员创造优美、舒适的工作与生活环境。安排好出入口的位置及内部道路布局。建筑应选择最佳朝向与采光、通风。

（5）随着高速公路收费管理的现代化，采用不停车电子收费方式（简称 ETC），设置专用车道。快速通过车辆将大大地提高通行能力，降低收费管理成本，提高车辆运行效益，降低车辆的噪声水平和废气排放。应尽量缩小收费站的规模，以节约基建和管理费用。

如图 3–1、图 3–2 所示为不同规模用地上布置的收费站、广场以及管理综合楼。

a

b

c

图 3–2 收费站管理中心

a– 沁阳管理中心；*b*– 河南某管理站；*c*– 安新管理中心

3.2 收费站

3.2.1 收费站的功能及设计要求

收费站是高速公路管理设施的基本单位，一般按路段起终点及互通式立交设立收费站点，也是高速公路主线进入各地区的主要出入口。收费站的主要功能为进行车辆收费、收费监控、管理及安全运行等。收费站与收费广场相毗邻，根据主线行车道数及该站收费车道数确定建设规模，结合该站的人员编制再对建设规模做适当修正。

（1）收费站的功能组成，一般以办公会议及工作人员食宿两大部分。

（2）由于收费站房大多地处城郊，收费人员 24 小时轮班，工作不间断，因此，除应设置正常办公及会议的用房外，应设置工作人员的宿舍、食堂、浴室以及相应的变配电房、水泵房等设施用房。

（3）收费站、监控中心用地规模、总体布置、建筑面积，虽依不同情况可分别确定（如位置、收费车道的数量、人员编制等）。

（4）收费站、监控中心、养护 I 区，以及路政等不同管理用房，由于远离城市，各部门须设食宿生活用房，虽有时在同一基地上，须分别设置。因此，在分散式布置时，应注意位置上的秩序与造型上的呼应与统一。

（5）站房区收费办公用房与辅助用房可集中布置，也可分散布置，其中办公、生活用房应根据人员编制确定，辅助设备用房应根据工艺要求确定。

3.2.2 收费站类型与布置

1. 收费站的布置方式与道路相关，一般有下列三种方式：

1）主线收费站

主线收费站是指设在高速公路主线上的收费站。

布设方式有双向错位收费、单向收费、隔站错开收费及分支收费四种。

2）匝道收费站

匝道收费站是指设置在互通式立交匝道上或连接线上的收费站。

布置方式分为集中式与分散式两种。

3）综合收费站

综合收费站指与养护工区合建的收费站，其功能除包括收费站应有的功能外，还兼有养护工区的功能。

2. 收费站房

1）收费站房是为高速公路各主线、匝道进出口收费、管理人员提供管理、食宿的小型办公建筑，用地规模不大，需考虑收费站的出入要方便。工作人员，日常办公、生活外，还应设置必要的体育活动场所（图 3–3、图 3–4）。

2）收费站临近城镇，站房的设计依据位置、规模、功能和城镇特色，站房的造型应

a

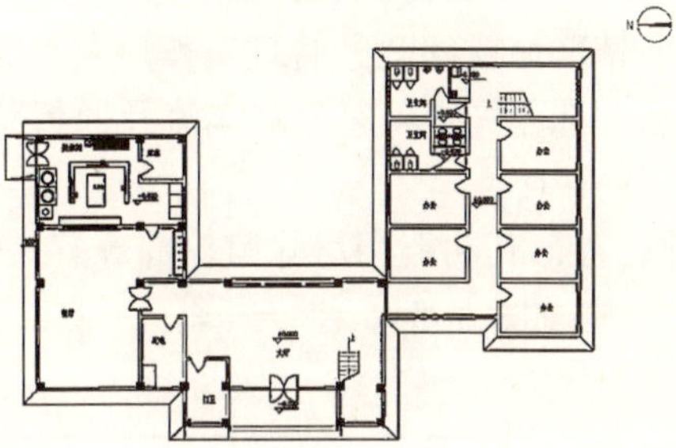

b

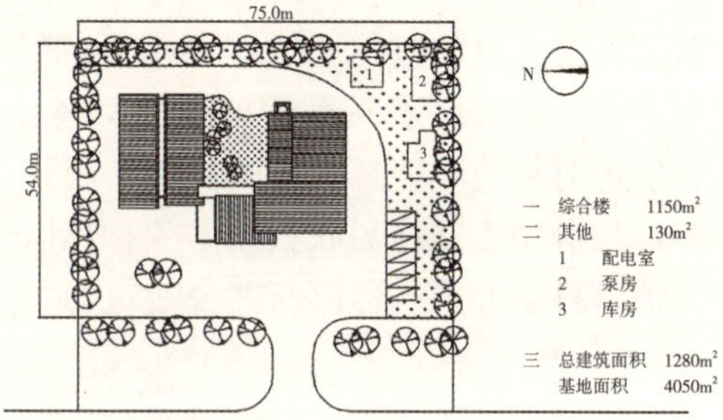

c

图 3-3 河南袁庄收费站

a- 透视图；*b*- 首层平面；*c*- 总平面

a

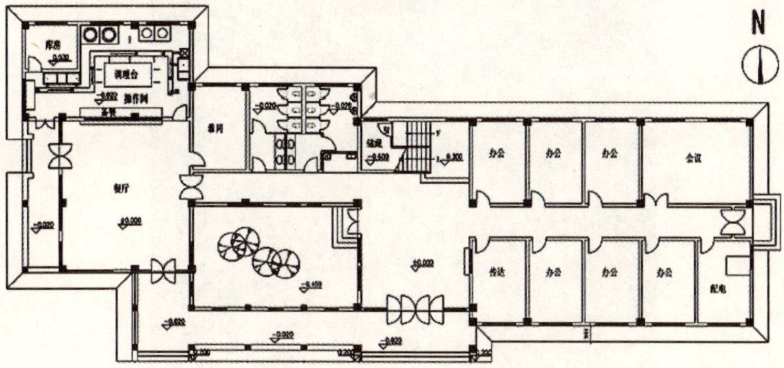

b

图 3-4 河南潢川收费站

a- 透视图；*b*- 首层平面

具有个性，成为进入该城镇的一个亮点。

3.3 监控、通信机构

管理机构由监控通信中心（或区域监控中心）、监控通信分中心及监控通信站组成。

高速公路里程较短或独立的特长隧道、特大桥等宜设一处监控中心，监控所属的高速公路或路段。

高速公路路网形成且覆盖范围较大时宜采用分布式，设置监控中心、分中心和监控站。分布式采用监控分中心（监控站）预先分析、处理，监控中心负责协调、决策的方式进行管理。

各条高速公路设立监控通信分中心，负责各自所辖区域或路政的管理工作。它为储存、分析所辖区域或路段各管理部门的有关资料和数据，随时掌握高速公路车流及通行状况，并实施与发挥对高速和信息监控的控制作用。

监控通信分中心往往与收费站、养护工区合并设置，其功能用房除监控部分有一定要求外，其他各科室办公、会议与办公建筑均无太大差别（图 3-5）。

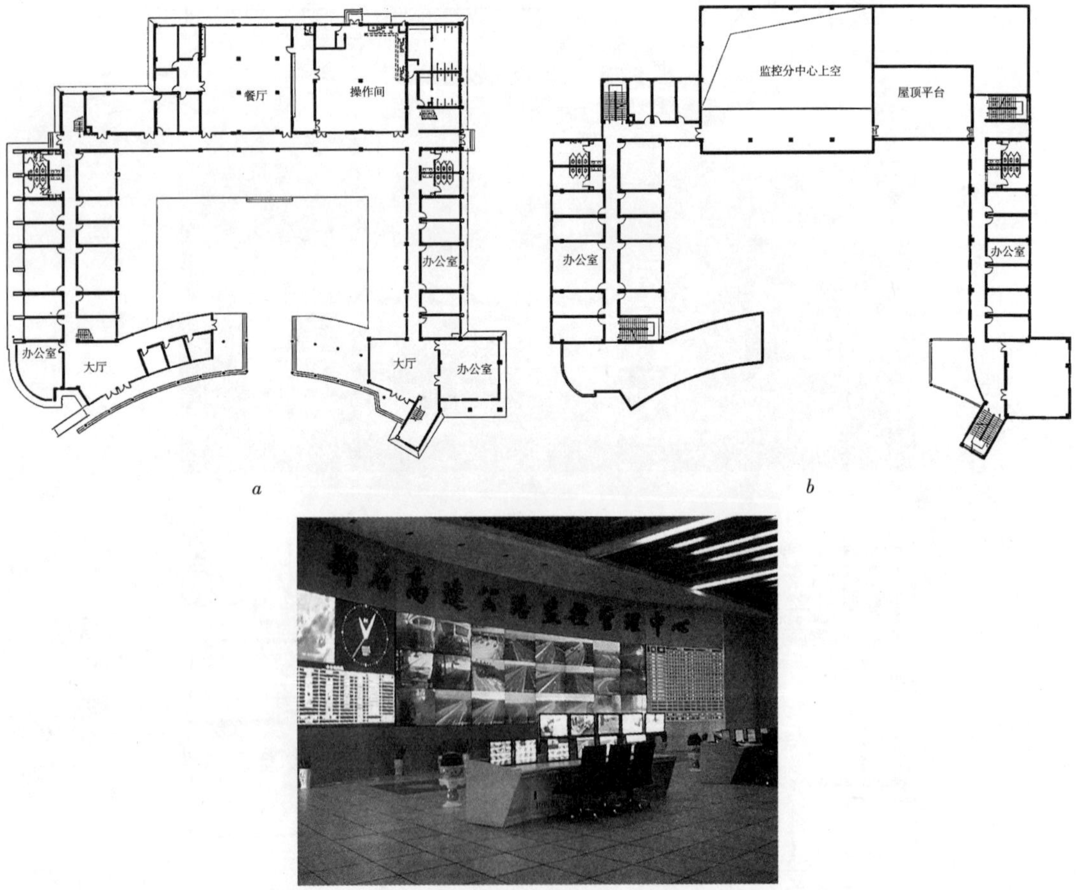

图 3-5 郑尧线郑州南监控中心

a- 首层平面；*b*- 三层平面；*c*- 内景

监控中心的设计要点

（1）监控通信分中心与办公、会议、宿舍、餐厅等部分进行必要的功能分区，出入口安排等，既有方便的联系又有相对的独立性，避免相互干扰。

（2）进线室与电源室紧邻，并设在监控大厅或程控传输室正下方一层或紧邻这些机房。

（3）监控大厅与程控传输室计算机房相互接连，并采用玻璃隔断，机房应按国家及行业有关标准及规范设计（图 3–6）。

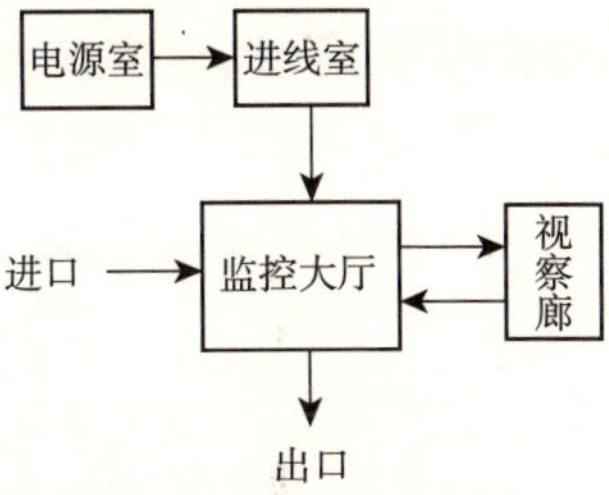

图 3–6 监控中心组成

（4）监控大厅净高不应低于 5.5m，室内视线无阻挡，宽度一般不小于 12m，长度不小于 10m，以保证必要的荧屏数量布置与观览，并考虑上级部门的视察等要求。

（5）监控大厅、通信机房、收费机房宜设计气体灭火系统，监控大厅应单独设置防火区。

（6）监控通信中心机房应铺设活动地板且具有防静电性能，并能防止工作时产生震动。为满足铺设电缆的要求，地板离地面一般不小于 30cm，要配备空调，空调的功率应能保证工作环境温度在 10℃ ~25℃之间，湿度应为 70%。

3.4 养护工区与超限站

3.4.1 高速公路养护工区设计

1. 养护工区的规划与选址

高速公路养护工区的规划与选址主要根据养护里程设置，一般容许的养护里程为 40~50km。在其规划选址时尽量与监控通信分中心或收费站合建（合建时，应在被交道上设独立的出入口），以降低建筑规模，节省建设费用。合建时，除建筑风格保持一致外，各功能分区应保持相对独立。养护工区的用地面积要控制在每处 0.6667~1.0000hm^2，建筑面积为每处 1200~1500m^2（图 3–7）。

2. 养护工区的功能

养护工区负责道路的养护工作，其功能用房主要包括养护办公室、养护机械库、养护机械维修库、车库以及食宿、供水、取暖、配电等附属用房。养护工区还应设有足够的停车及养护机械停放场。

3. 养护工区的总体布置

养护工区除上述功能用房外，一般在总平面布置中还应考虑养护场地。当养护工区与其他站区合建时，因道路养护材料易起灰、扬尘，因而，一般将料场、养护场地等布置在主体建筑的后侧下风向的一角，以减少其对办公、生活用房的干扰及景观上的不雅。养护工区用地指标及建筑面积分配参考指标见表 3–3。

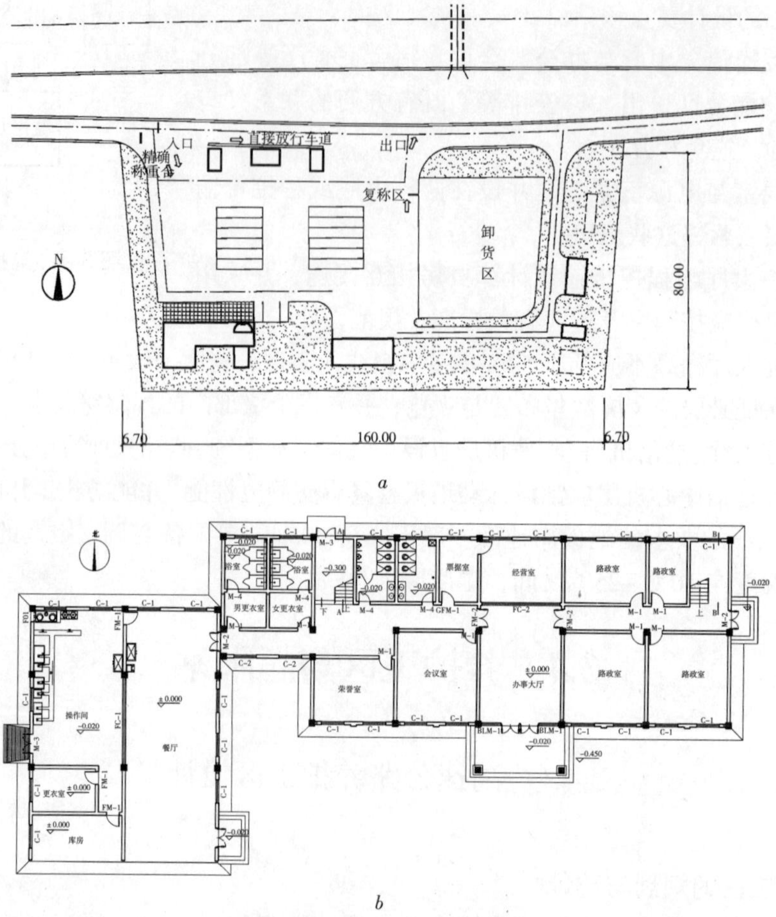

图 3-7 养护工区与超限站

a- 某超限站总平面；*b*- 首层平面

养护工区用地指标及建筑面积分配参考表 **表 3-3**

用地面积（ha）	总建筑面积（m^2）	办公（m^2）	会议（m^2）	车库、机具库、材料库、维修间（m^2）	厨房餐厅（m^2）	宿舍休息（m^2）	其他（m^2）
1.30	1200~1500	80~120	30	700~800	60~80	100~150	250~300

3.4.2 港湾式超限站

在省界和货源地入口等处设置港湾式超限检查站，宜与收费站毗邻，占地控制在 1.33hm^2, 建筑面积 1100m^2。

3.5 收费广场

3.5.1 收费广场设计原则

收费广场在选址确定后应依据收费车道数量进行具体项目设计。

设计原则：

（1）收费广场的各项设施应满足收费功能要求，并与其他道路设施、收费站房等设计相结合、相互协调统一。

（2）依据收费业务与交通管理业务，在收费制式的系统方案（包括设备）确定之后，按工艺要求进行一次设计，分期施工，并留有扩展余地。

（3）为确保行车安全，通车快捷，应设有足够数量的收费车道和停车空间供交通高峰时期使用。

3.5.2 收费广场组成及设计要求

收费广场由行车广场、收费车道、收费岛、收费大棚、地下通道、收费进出口等部分组成。

1. 收费广场布置要求

1）收费广场应保证行车安全。互通立交匝道上的收费广场不能影响主线上的交通。若在高速公路主线上设置路障式收费广场，应在 2km、1km 和 500m 以外设立醒目的预告标志。

2）收费广场不应设置在容易超速的凹形曲线底部。在收费广场车辆行驶范围内，除收费岛及前方缓冲物之外不应出现任何障碍物。

3）收费广场应保证通车快捷，要备有足够的收费车道数和停车空间供交通高峰时期使用。

4）收费广场的设计要适应收费业务和交通管理业务的要求。在收费制式和系统方案（包括设备）确定之后，应按其工艺要求进行一次设计、分期施工，做好土建预留、预埋工作，并留扩展余地。

5）为方便管理人员到收费广场处理事务及收费员从收费岛到站房携款安全，收费站房区的主要出入口宜设置在收费卡门侧或收费卡门入口侧。站房区应有一条与外界直接联系而不需经过收费卡门的道路，便于站区与外界的工作联系。

2. 两省交界处的收费广场布置形式有以下三种（图 3–8）：

1）合建全幅收费广场模式，即省界双方选择合适地点（可能在某一方境内）共同修建全幅收费广场，且共同使用的建设方案。

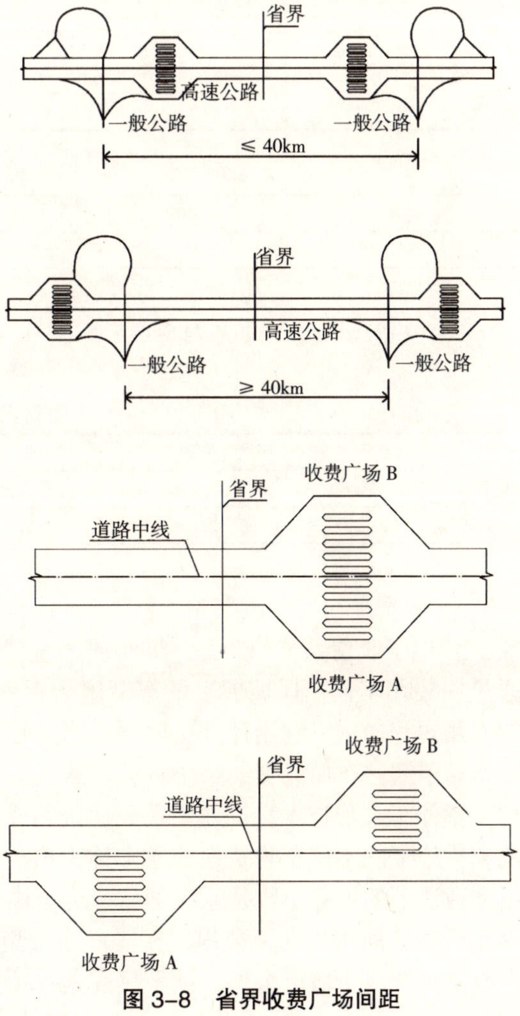

图 3–8 省界收费广场间距

2）分建半幅收费广场模式，即省界双方各自修建半幅收费广场，采用“收费系统合并考虑，土建工程分开实施”的建设原则。

3）各自退后分建主线站建设规模式。当双方在省界处的互通立交间距大于40km时，则双方的主线收费站均可和各自的互通立交合建，既能弥补合建省界主线建设模式之不足，又能满足主线收费站的间距要求。当互通立交间距小于40km时，则可采取措施放开位于分界附近的互通立交不收费，以满足主线收费站的间距要求。

3. 收费车道

1）车道宽度；

2）车道长度；

3）车道的过渡段。

4. 收费岛收费亭

1）收费亭外形尺寸见表3–4。

收费亭外形尺寸 **表3–4**

尺寸 \ 条件	推荐值（m）		一般值（m）	
	单向	双向	单向	双向
长度	2.5	3.8（无隔断） 4.4（有隔断）	2.4~2.8	3.6~4.4
宽度	1.6	1.6	1.4~2.0	1.4~2.0
高度	2.5	2.5	2.4~2.6	2.4~2.6

2）收费岛宽度尺寸见表3–5。

收费岛宽度尺寸 **表3–5**

宽度	主线收费站（m）		匝道收费站（m）		严寒地区或特殊情况（m）	
	标准值	一般值	标准值	一般值	标准值	一般值
	2.0	2.0~2.4	2.2	2.5~2.7	2.0	2.0~2.7

3）收费岛布置。收费站为汽车通行设置的收费亭与收费岛其基本尺寸见图3–9。

4）电子收费系统（ETC）。即不停车收费系统，这是目前世界上最先进的路桥收费方式。通过安装在车辆挡风玻璃上的车载电子标签与在收费站ETC车道上的微波天线之间的微波专用短程通讯，利用计算机联网技术与银行进行后台结算处理，从而达到车辆通过路桥收费站不需停车而能交纳路桥费的目的。

不停车收费技术特别适于在高速公路或交通繁忙的桥隧环境下采用。在传统采用车道隔离措施下的不停车收费系统通常称为单车道不停车收费系统，在无车道隔离情况下的自由交通流下的不停车收费系统通常称为自由流不停车收费系统。实施不停车收费，可以允许车辆高速通过（几十公里以至100多公里），可大大提高公路的通行能力；另外，不停车收费系统对于城市来说，就不仅仅是一项先进的收费技术，还是一种通过经济杠杆进行

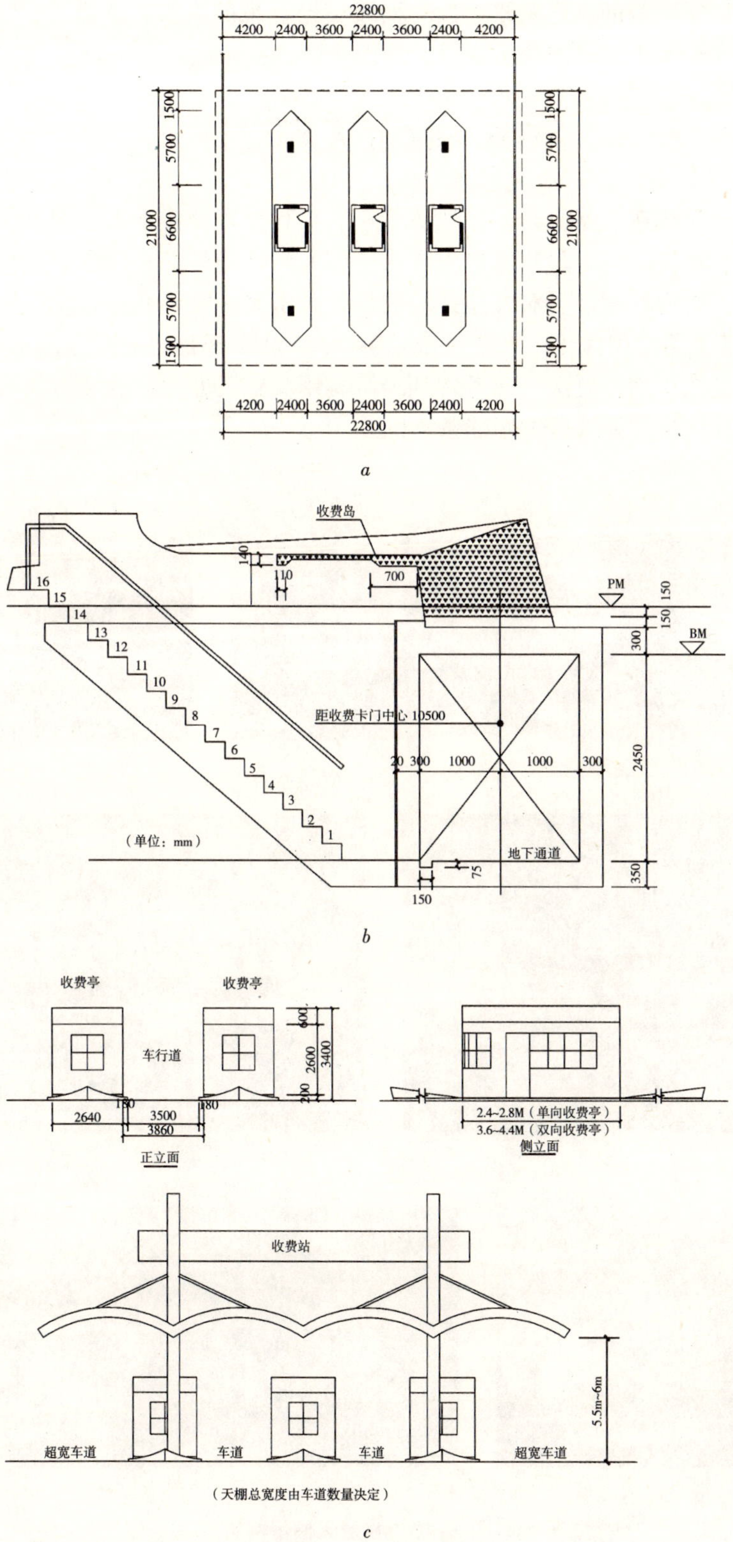

图 3-9 收费亭布置

a- 总平面；*b*- 收费岛与地下通道；*c*- 立面图

交通流调节的切实有效的交通管理手段。对于交通繁忙的大桥、隧道，不停车收费系统可以避免月票制度和人工收费的众多弱点，有效提高这些市政设施的资金回收能力。

3.6 收费天棚设计

收费天棚相对高速公路而言，虽然体量小，工程投资比例不大，但其作用、意义和重要性不能低估。首先，应满足遮风遮雨要求，以保障收费员安全及良好工作条件为基本功能要求；其次，作为沿途市县对外连接的门户，收费天棚既要充分展现其地域、人文的特点，还应与高速公路的现代化风格和体量相融洽。同时，还需具有较强的标识性和引导性，以便及早提示过往车辆；再次，应考虑到经济实用、施工方便、拆装容易等要求，为中远期收费系统的升级换代和改造做好准备（图 3-10）。

a

b

c

d

e

f

图 3-10 收费天棚示例

注：收费天棚以日汽车通行量决定收费亭的数量

1. 收费天棚的规模与尺度

收费天棚根据收费车道的数量确定，一般车道不少于 2 道，最多时可达 20~30 多道，因此，收费广场宽度必须与车道的数量相一致，天棚的长度应与收费广场相等。同时，两侧应设加宽车道，以使较宽的大型车辆方便通行。天棚的跨度不小于 16m，一般应为 18~20m。

2. 天棚的结构选型

（1）空间索膜结构（图 3–11）

a *b*

图 3–11 收费天棚索膜结构

a– 河南濮阳收费天棚；*b*– 福州收费天棚

空间索膜结构天棚的特点是：

1）新颖的结构形式。由柔美动感的曲线和变幻莫测的空间曲面构成的建筑形态比起常见的规整矩形显得生动活泼，既飘逸自然，又刚劲有力。它打破了传统的“先建筑、后结构”的做法，体现了“理性技术表现”的创作思想，使技术逻辑，结构语言成为索膜结构的主要表现手法，是自然美、技术美和艺术美的综合体现；

2）运用预张力空间结构体系，以最轻、最强的结构围合出最大的空间，为创造大跨度无柱自由空间提供了条件；

3）易拆装、施工周期短，对收费广场路面等其他工程的作业影响小；

4）顶面易积灰，不便清洗维修，环境条件差，如风沙地区不宜采用。

（2）空间网架结构

大跨度建筑的造型取决于屋盖的形式，一般有网架结构、钢屋架、钢筋混凝土井式楼盖与桁架结构等多种形式，但以网架结构充分利用钢材的特性，受力合理，重量轻，适应了大跨度空间布置以及建筑造型变化的需要。

网架设计的主要方面包括：网架的形式、组成、造型、支承方式等基本要求。

1）网架的基本形式

①平面桁架系网架

网架结构一般以双层网架居多，也有采用三层网架的，由于网架支承的平面及双向跨度不同，可以有多种形式（图 3–12）。

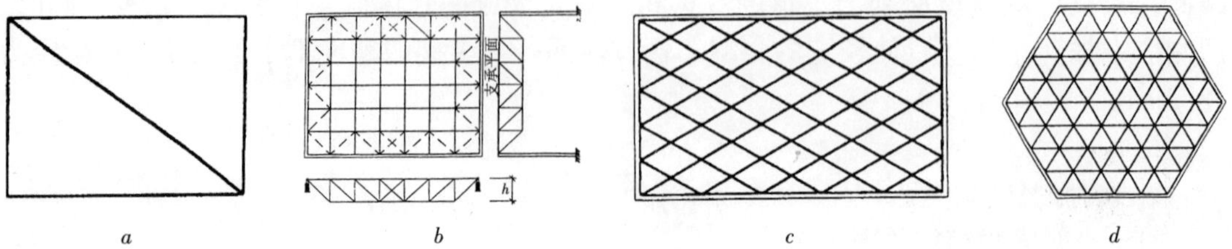

图 3–12 平面网架

a– 平面桁架系基本单元；*b*– 两向正交正放网架；*c*– 两向斜交斜放网架；*d*– 三向网架

（a）两向正交正放网架；

（b）两向正交斜放网架（图 3–13）；

（c）两向斜交斜放网架；

（d）三向网架。

②四角锥体系网架（图 3–14）

以四角锥体按一定规律组成的基本单元倒置连结成整体。一般分为：

（a）正放四角锥网架；

（b）正放抽空四角锥网架。

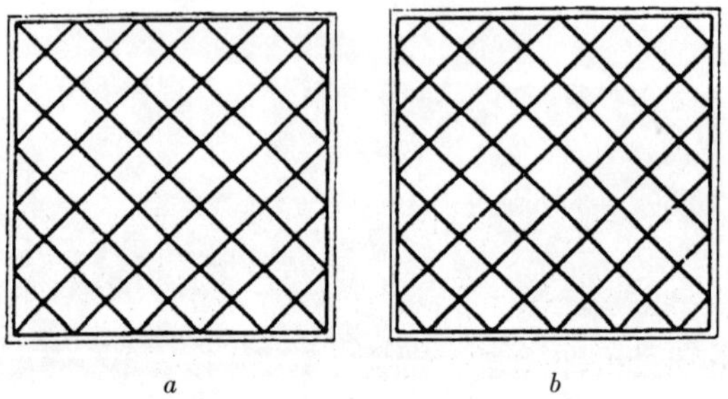

图 3–13 两向正交斜放网架

a– 有角柱；*b*– 无角柱

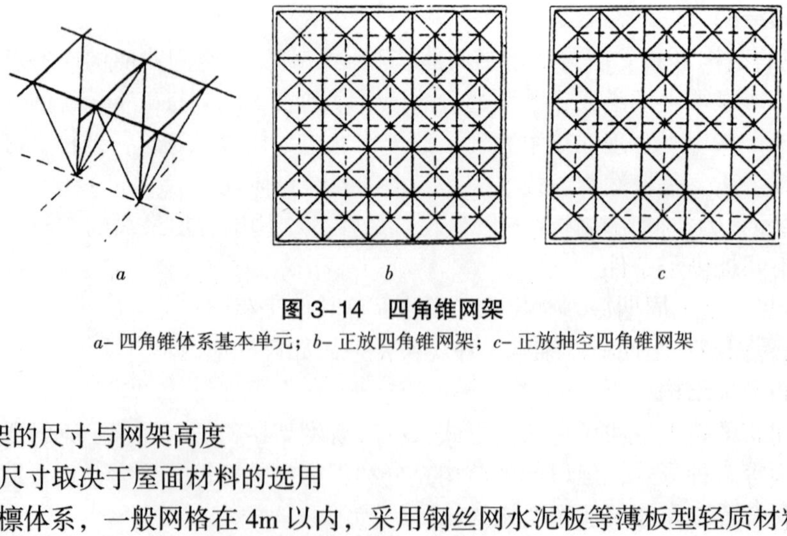

图 3–14 四角锥网架

a– 四角锥体系基本单元；*b*– 正放四角锥网架；*c*– 正放抽空四角锥网架

2）网架的尺寸与网架高度

①网架尺寸取决于屋面材料的选用

（a）无檩体系，一般网格在 4m 以内，采用钢丝网水泥板等薄板型轻质材料为宜。

（b）有檩体系，网格尺寸不宜超过 6m。

②网格尺寸和网架高度都与网架跨度、支承情况、建筑平面、屋面材料、荷载大小等因素相关。网架尺寸（s）与网架高度（h）之比，如 s/h 之比越大，斜腹杆与下弦平面夹角越小，一般应使斜腹杆与弦杆夹角为 40~45°。

3）网架结构的支承方式（图 3–15）

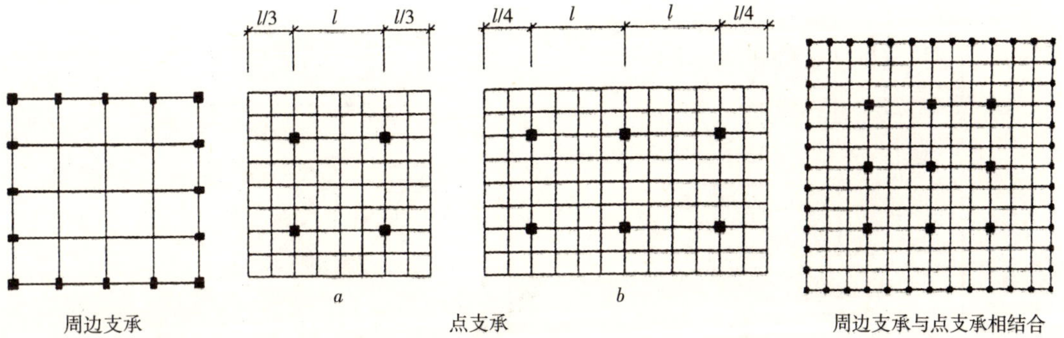

图 3–15 网架支承方式

网架结构搁置在柱梁、桁架等下部结构上，由于搁置方法不同，通常有下列方式：

①周边支承；

②点支承；

③周边支承与点支承相结合。

此外，由于建筑屋盖造型的多样，可以通过网架起拱，在上弦节点处增加小立柱的不同高度形成弧度以及其他变截面出挑方式以达到造型和屋面排水等要求（图 3–16）。

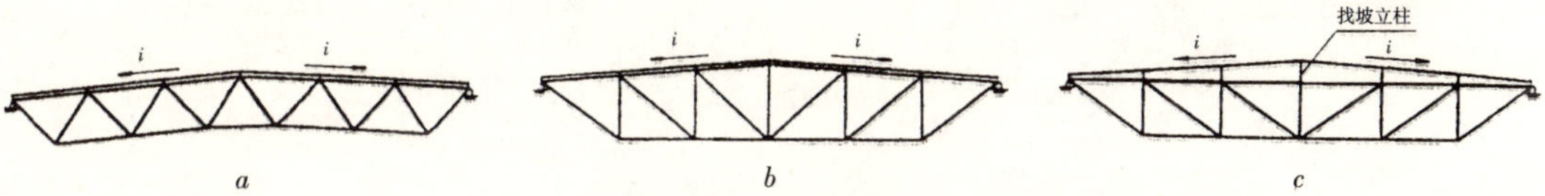

图 3–16 网架排水

a– 整个网架起拱；*b*– 网架变高度；*c*– 设小立柱

（3）轻型钢结构（图 3–17）

轻型钢结构天棚的特点是：

1）结构形式新颖。以其轻巧、舒展的空间造型涵概了收费天棚各种形象及功能的需求；

2）建筑色彩清新、造型简洁。以其清晰、合理的杆件组合明确表现空间体系的受力特征，避免了冗繁的装饰，体现了设计者简约务实、功能至上的创作倾向；

3）工厂化程度高，易拆装，施工周期短，对收费广场路面等其他工程的作业影响小。

3. 天棚的造型（图 3–18）

（1）主线收费天棚首先要满足车辆快速通行的功能，在造型和细部上体现地方建筑风格和特色，具有一定的标志性。匝道收费天棚宜造型统一，做到简洁大方、美观，以节省工程造价和便于快速施工。

（2）保证在路旁收费管理楼内工作人员的瞭望视线不被收费设施所阻挡。

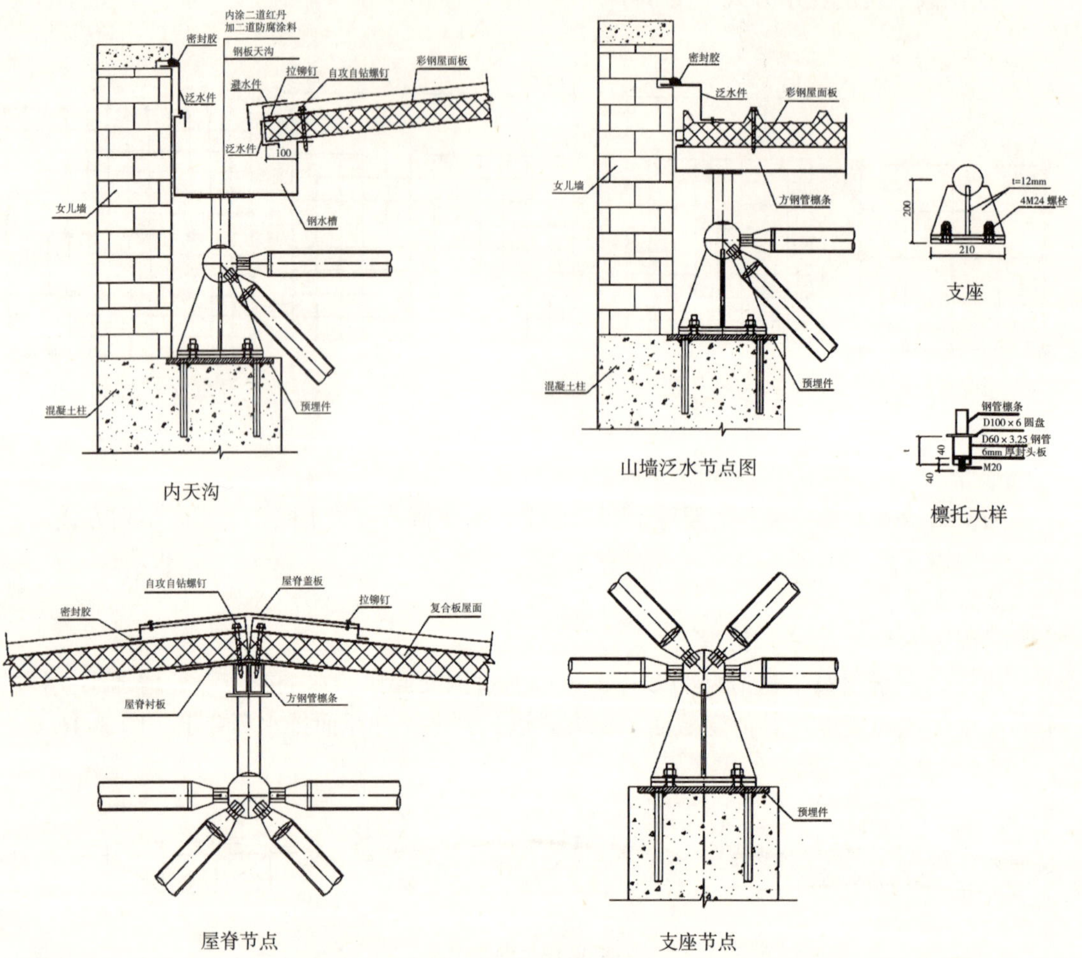

图 3–17 网架节点示例

a　　*b*

图 3–18 收费天棚

a– 河南项城收费天棚（网架结构）；*b*– 河南泌阳收费天棚

（3）结构应可靠安全，在地震区内天棚应具有抗震性能。

（4）收费天棚可采用钢网结构、膜结构。结合站名，进行标识、灯光，安装车道指示灯、照明灯具、摄像机等设备，在设计上应预先考虑供电和通讯线路的布置，尽可能做到外形简洁美观，具有交通建筑鲜明的特点。

第四章　高速公路服务性建筑造型与风格

4.1　服务性建筑造型的基本特点

高速公路服务区综合楼作为一种新型的公共建筑类型，受现代建筑流派理论、造型风格多元化的影响。如何对其建筑造型评价可谓莫衷一是，无论是“专家评选”还是“长官”拍板都反映出对这类建筑造型理念缺乏必要的共识与定位。分析与探讨服务区建筑造型的特征显得尤为重要，主要有以下几个方面：

4.1.1　服务性建筑的特征

从选址、地形条件、功能要求、空间组合、服务方式、建筑造型诸方面分析高速公路服务性建筑的特征，它既具有公共建筑设计共性的方面，也具有其独特的个性一方面。服务性建筑创作的基本特征有以下几点：

（1）功能性。功能、技术、造型（环境）是建筑的三要素。建筑的功能首先要满足适用、方便，符合服务性建筑的各项要求，贯彻“以人为本”的原则，达到适应不同人群的需要（如老年人、儿童、残障人士等），遵守各项技术规范、指标。处理好规划与单项设计的关系，注意建筑群体的协调性与整体性。

（2）地区性。高速公路服务性建筑的选址一般远离城镇烦嚣之地，自然环境优越，把握与利用地域条件充分表达建筑的地域性往往是创作的基本立足点。服务区的中心建筑摆脱了城市街道中相互紧邻，你挤我拥的群体面貌，可以得到全景式的展示，依托重视与发挥地区的景观资源，把建筑融入环境之中是创作立意的出发点。

（3）识别性。由于高速公路穿越在不同地区、村镇，沿线无论是辽阔平原、临河傍湖或是丘陵起伏、层峦叠嶂的不同地区，服务区以及区内的建筑首先应分析该区域的自然条件环境以及建筑特色，从当时、当地的具体情况，重视与发挥地区的景观资源，运用多种手法，创造出不同地段的建筑风格。

服务区的中心建筑除了满足其服务性设施的功能外，还给旅客强烈的识别性与第一印象，使人们在视觉与精神上受到冲击或满足。这也是服务区中心建筑设计的重要任务。在不同地区、省市行进的间歇中，中心建筑不仅表达一般公共性、商业性的特征，还加强了各主线服务性建筑的识别性，又要防止贫乏、单调，缺乏地段差异性的千站一面。识别在于差异，在建筑造型、内部空间、装饰风格、标识、材料色彩的多样性、丰富性，为创作提供了多种选择。此外，从不同地区的建筑符号，内在文化品质、细部，以及绿化、小品、铺装中表达不同的建筑与环境个性。如有的提出一线一“景”，一站一“景”等不同理念，在当今建筑风格多元化的时代，有待于在实践中探索。

（4）时代性。从一定意义上说，风格显示着时代。高速公路的建设标志着现代科技经济的发展水平，高速公路服务性建筑通过它的服务反映了对人的关怀，环境生态，以及节能、节地，可持续发展一系列深层次的方面，作为服务区外在表现的建筑造型与风格，以及内在的结构、新技术、新材料的运用，就有了宽厚的基础与文化内涵。

（5）创新性。创新是时代需要，在科技、材料、信息高速发展的今天，给创作提供了丰厚的物质条件，加之，新理念、新要求，如低碳、绿色、节能，多种成果得到了充分的共识与运用。因此，只有不断吸收新的科研成果，树立创新意识，才能把服务性建筑提高到一个新的水平。

4.1.2　建筑造型的基本特点

建筑造型包括内部空间与外部造型两大部分。一般来说，内部功能的需求特点、空间布局决定了外部造型的基本形态。在基本要求、结构技术相似的情况下，为什么产生了外观迥异，风格多样的造型，这是通常人们求美、求新、求异心理要求在建筑造型上的反映，也可以理解为如何把建筑设计得更美一些，满足于审美的要求或文化精神的需要。

首先，构成建筑的物质因素，即当时、当地的结构、技术、施工条件，在符合基本功能、目的要求下，除上述因素外，还包括社会历史、民族传统与外来文化等因素，使得建筑造型走向当代的多元风格。

其次，建筑作品的产生是多种因素、制约条件共同影响、相互协调的结果，必须分清主次，作出多方案的判断与选择。

再次，建筑创作水平的高低，方案的选择与决策受到社会审美倾向、评审与业主价值取向等综合因素的影响，它是产生不同方案最终结果的重要方面。

因此，从建筑创作的思维方法（切入点）、风格的选择（传统与现代）、接受者（社会与业主）之间的主导倾向、相互沟通，寻求其结合点，这是做好建筑设计方案的基础。

4.1.3　构思、立意

建筑造型能力源于对方案的构思立意，也是以正确的思维方法把握逻辑思维与形象思维的结合。建筑方案的确立首先是对不同建筑类型、功能、技术、经济等诸条件的正确分析与理解，并进行逻辑的思考，同时，运用建筑语言所特有的表达方式，构成与构图技巧，以丰富的想象力进行综合的反映。这两种思维方法不是截然的先、后之分，而是在设计实践中反复推敲，不断积累，寻求切入点，分析交叉点，突出创新点的结果。

4.2　建筑造型设计的一般原则

建筑的外形或造型不是设计者凭空想象和主观臆造的。它是在建筑功能、技术、经济等各种条件制约下，以一定的构成法则（点、线、面、体要素及其关系）、构图原理或形式美的规律下创作出来的。建筑形式与内容的这种依赖关系，辩证统一的原则是建筑创作的出发点与归宿。此外，建筑形式也并非截然地是建筑内容的直接表现，功能、技术、空间组合等处理不等于建筑形式、造型的自然产生，建筑形式具有相对的独立性，即以上所述的建筑造型、空间、流派、风格之所以会产生多种多样的主要原因。

建筑造型设计的一般原则：

4.2.1 功能与造型的关系

不同类型、不同使用功能的建筑有着不同的外在表现形式与特征，一幢单元式住宅楼，一幢教学楼，一幢展览馆，均有着外形的不同点，如构成住宅的阳台、飘窗以及墙面的划分、层高以及尺度、比例的关系等（图 4–1）。

而一幢教学楼的入口、框架体系、窗与墙的排列组合，形成二者的显著差别（图 4–2）。高速公路服务性的管理建筑，可与一般办公楼相近似，而服务区综合楼以其复杂多样的功能要求，内部空间的组合、贯通，或功能分隔而产生不同的造型，一般情况下，外部造型反映了内部功能、空间是立面设计的重要原则。

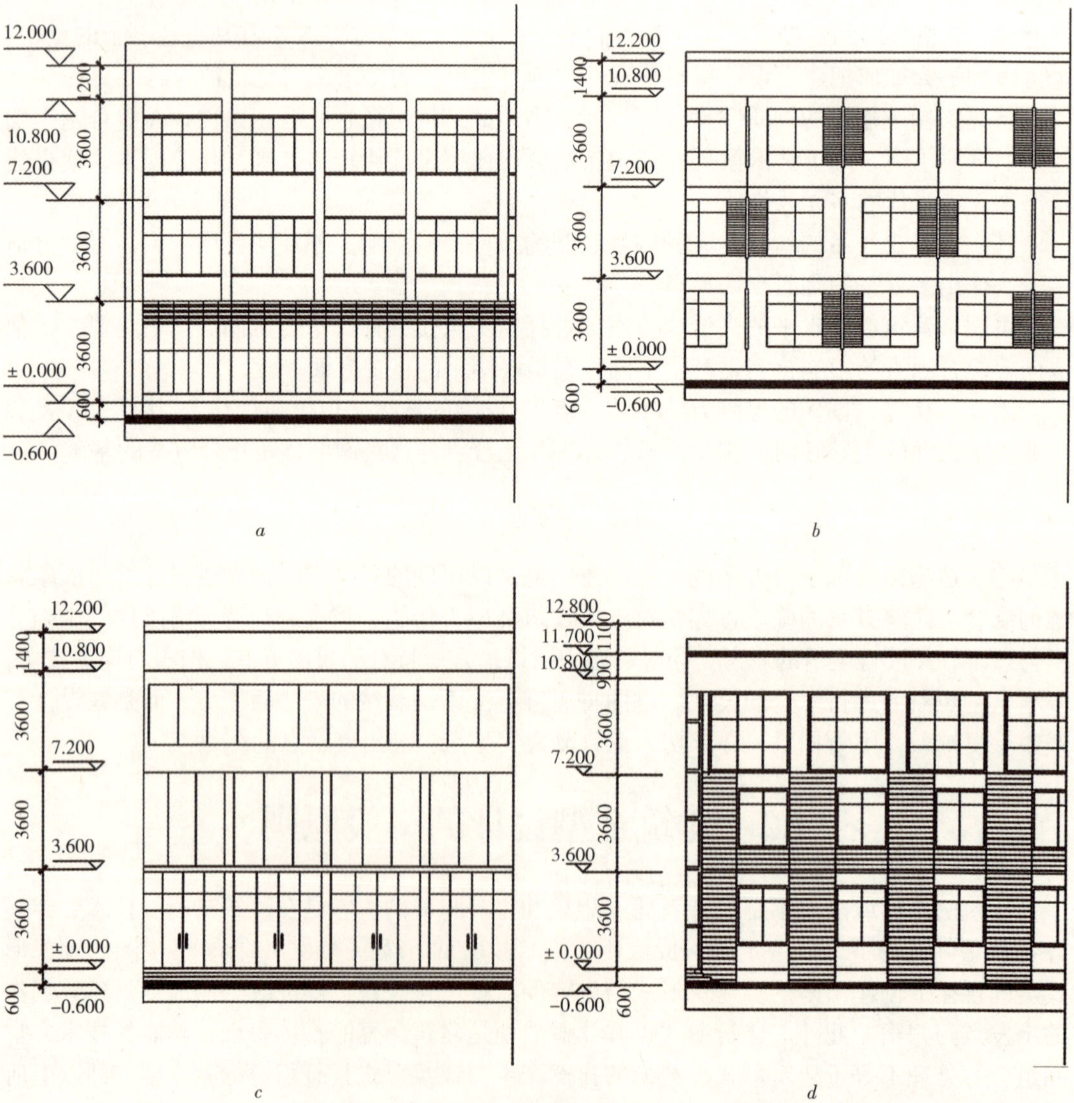

图 4–1 在等高、等开间的墙体划分不同的虚实比例产生的视觉美感（立面局部）（一）

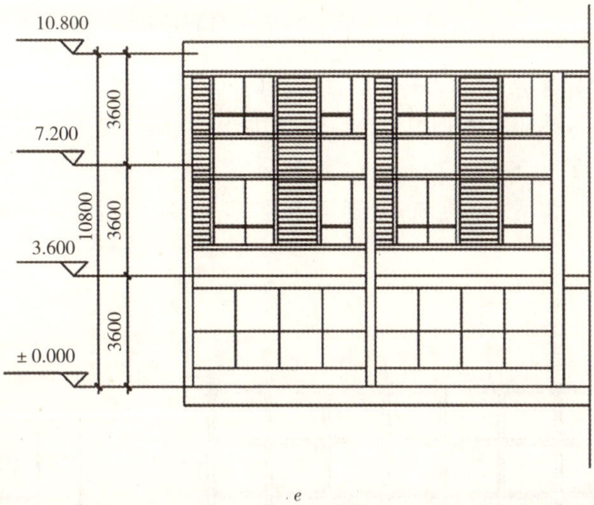

图 4–1　在等高、等开间的墙体划分不同的虚实比例产生的视觉美感（立面局部）（二）

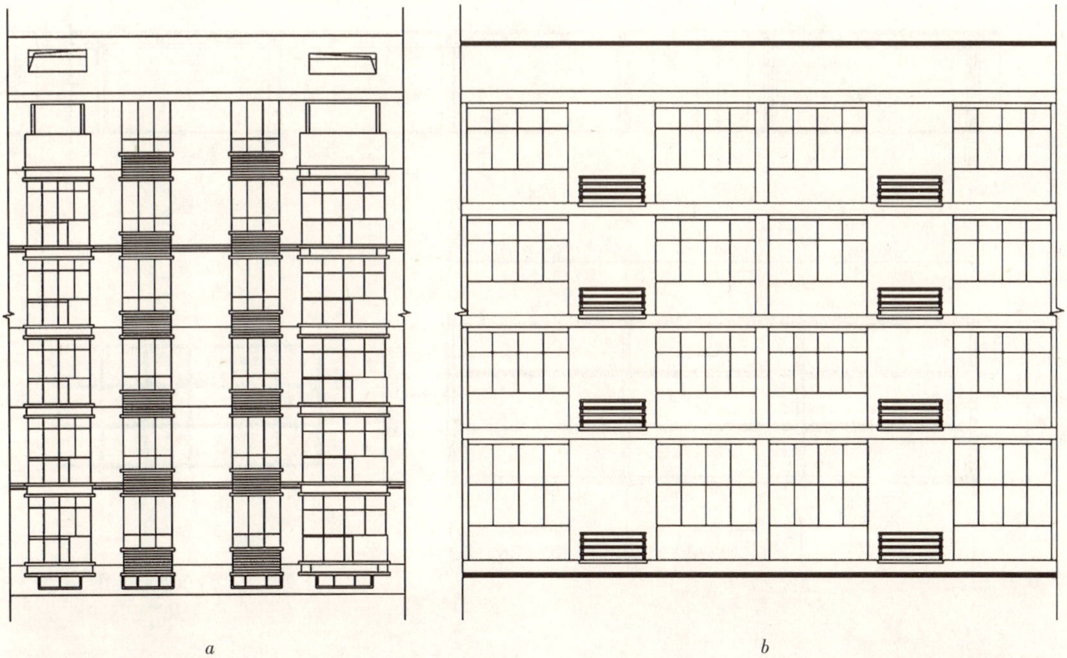

图 4–2　大开间与大空间形成不同的建筑类型（西华停车区）

4.2.2 结构技术的选择

现代结构技术决定了造型的多样性。一般可分为：

（1）钢筋混凝土框架结构，以常用的开间、进深、柱网一般在 7.5m × 8.0m、8.0m~12.0m（如餐厅、超市等大厅）、5.7m~7.0m（一般办公室、会议室进深），进深过大时，可采用井式楼盖、预应力梁、宽梁以及钢筋混凝土桁架等，但应注意施工技术及造价的影响（图 4–3）。

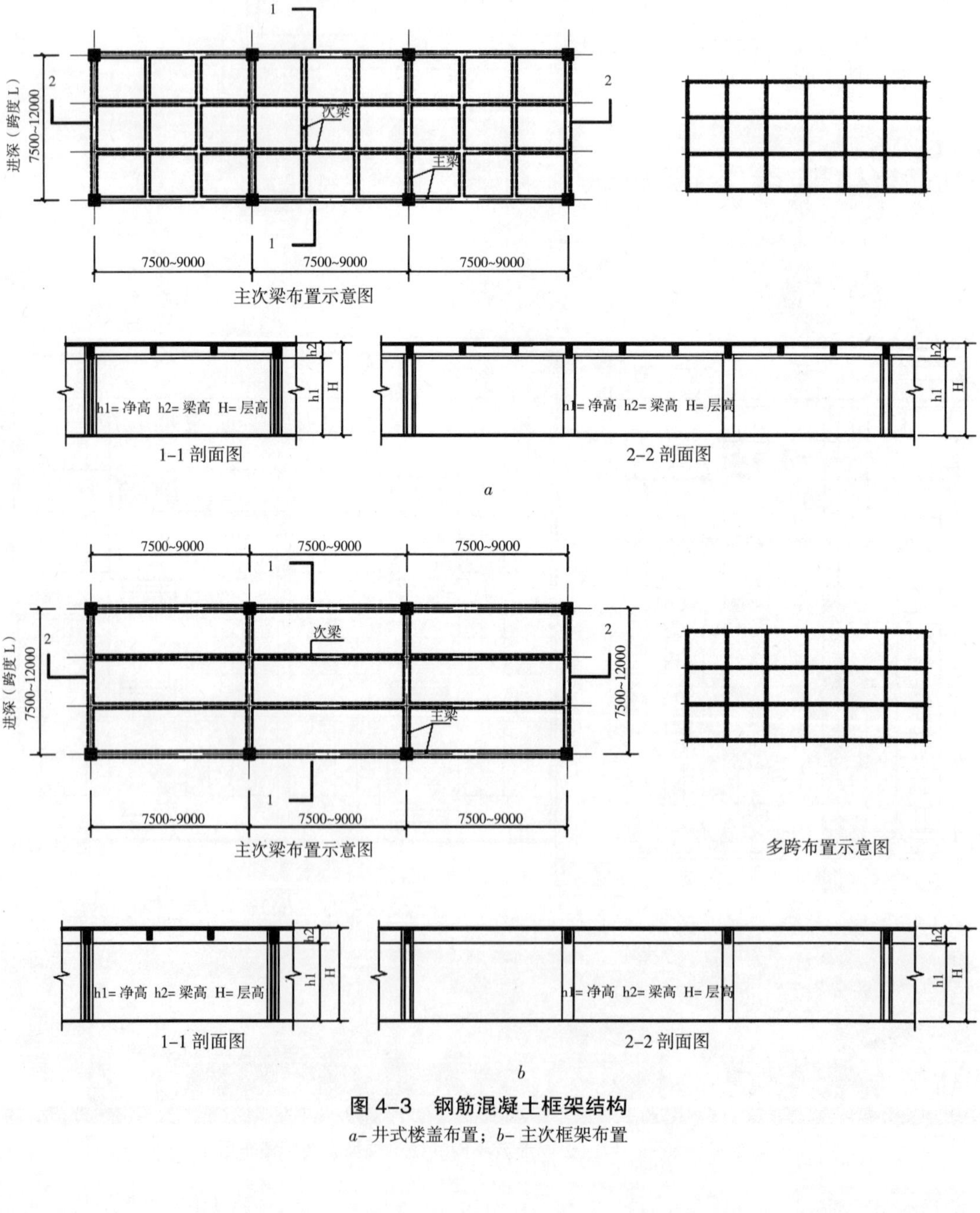

图 4–3 钢筋混凝土框架结构

a– 井式楼盖布置；*b*– 主次框架布置

（2）网架、钢网架的优点在于进深较大时，保证了空间的通畅性，造价相对较低，其外部造型时，有较大的灵活与可变性。在本书中网架已作简要介绍。

（3）刚架、薄壳，大跨度结构的运用，是体现建筑时代性的一种选择，形式多样，造型别致，但结构技术要求高，施工复杂，如能采用装配组装，则可降低造价与施工程序（图4–3）。

（4）膜结构是以钢架支撑或悬挂遮幕覆盖的新颖屋盖形式，轻盈、飘逸，造型多样，在收费站天棚，园林小品中采用较多。

4.2.3 服务性建筑的外观特征及风格的创造

高速公路服务性建筑，以不同功能的空间进行组合。由于组合方式的不同而产生不同体型与外观特征。建筑外观特征的体现，除了上述内部空间按功能划分所确定的开间、进深、单体块、多体块的组合外，通过门廊、入口、檐部、墙身分段、悬挑、退台等手段而形成不同的外部造型。如管理性的办公楼统一的开间，高度与不同墙面划分表达其特征。

（1）建筑的外部造型

建筑的外部造型由建筑体块的组合、体块所形成的轮廓以及体块的细部装饰三部分组成。

1）体块的组合

各种几何体块的组合不仅构成了外观不同形象，而且表达了内部空间特点，正如老子对空间的论述："埏埴以为器，当其无，有器之用。凿户牖以为室，当其无，有室之用。故有之以为利，无之以为用。"充分阐述了体块与内部空间之间的辩证关系、共生关系。现代的、传统的、中国的、西方的，在长期的历史发展进程中产生了不同的建筑风格，因此，虽然在基本几何形相似，但组合方式各异，在当今多元化风格时代，流派之多，造型之多样，令人目不暇接。

①单一体块。由单一的几何形体所形成的建筑造型，具有单纯、简洁、明确的视觉印象。如图4–4所示的名家作品在比例、尺度、细部以及结构、节点诸多方面产生强烈的综合视觉效果。

②多体块。中西古典建筑的传统构图表现出主次、韵律、细节的严谨风格；而现代的优秀名作中体块的组合明确自然、贴切，空间的层次丰富，反映出新潮、简约和时尚的韵味（图4–5）。

2）体块形成的轮廓。当建筑与周边环境产生的图底关系，轮廓线被天空所衬托，通常又称为天际线，建筑鲜明形象的轮廓，给予人们深刻的、难忘的印象。如一些著名城市的天际线往往构成了城市的景观特色。历史上一些著名建筑的轮廓不仅成为城市文化的标志，而且体现了民族、地区的象征。服务区大都地处开阔地段或与周边环境发生相互映衬关系，建筑轮廓线就显得较为重要。

3）体块的细部装饰。包含建筑的各种凸凹线脚（古典的、现代的）及建筑的功能性构件，如雨篷、门廊、台阶、遮阳板、格栅以及各种细部符号等。如图4–6所示，以一般办公建筑的处理说明不同的墙面与门窗虚实对比处理的不同立面效果。

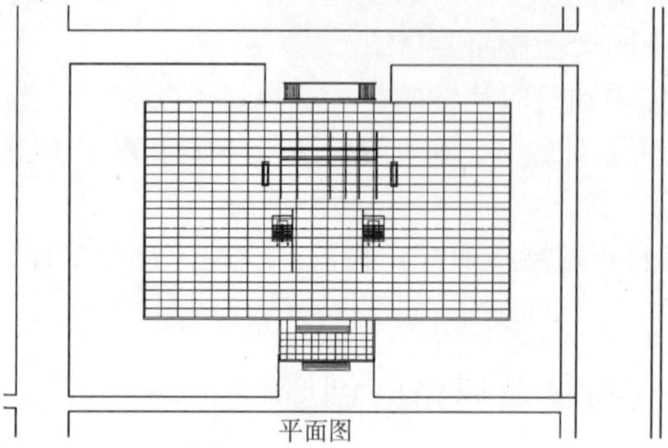

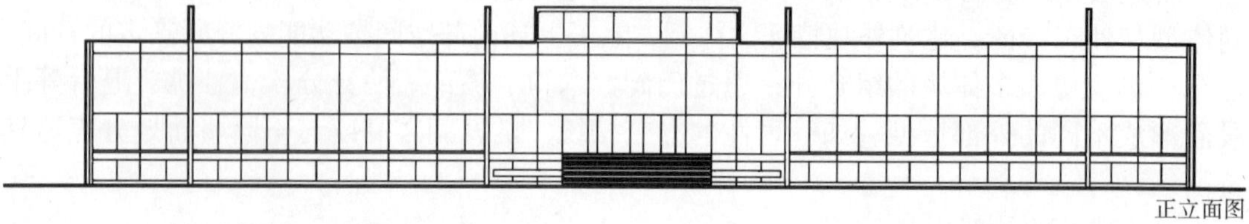

伊利诺大学建筑系馆以单一的长方体空间，良好的窗户比例划分与简洁的体型，钢与玻璃的精致构造构成了密斯的建筑风格。

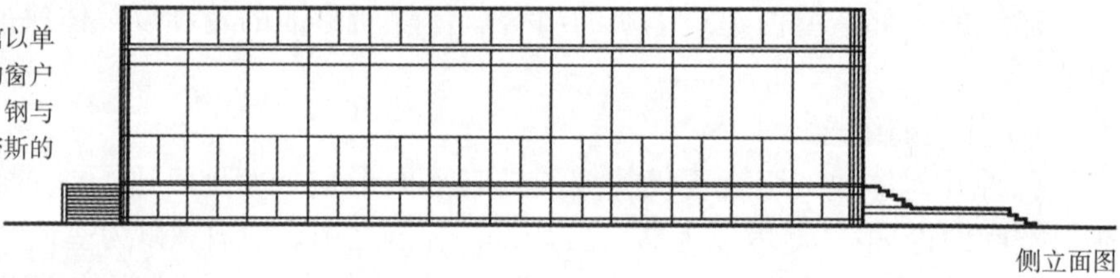

a

金字塔、三角锥体的造型，对周边建筑的遮挡降到了最低程度。作为传统卢浮宫博物馆的入口，成为传统与现代既对比又融合的经典之作。

b

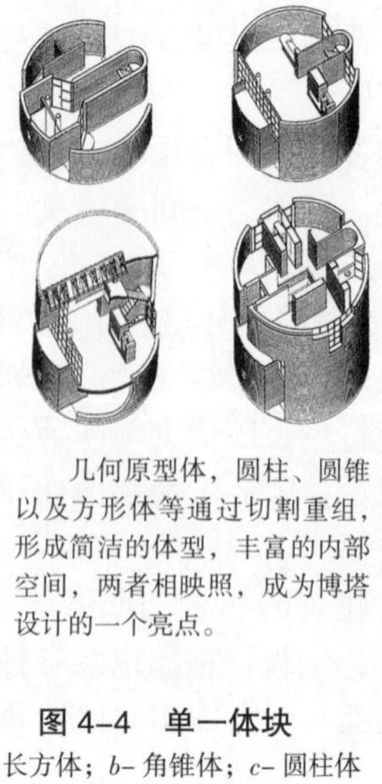

几何原型体，圆柱、圆锥以及方形体等通过切割重组，形成简洁的体型，丰富的内部空间，两者相映照，成为博塔设计的一个亮点。

c

图 4–4 单一体块

a– 长方体；*b*– 角锥体；*c*– 圆柱体

低圆锥（科斯塔梅萨图书馆）

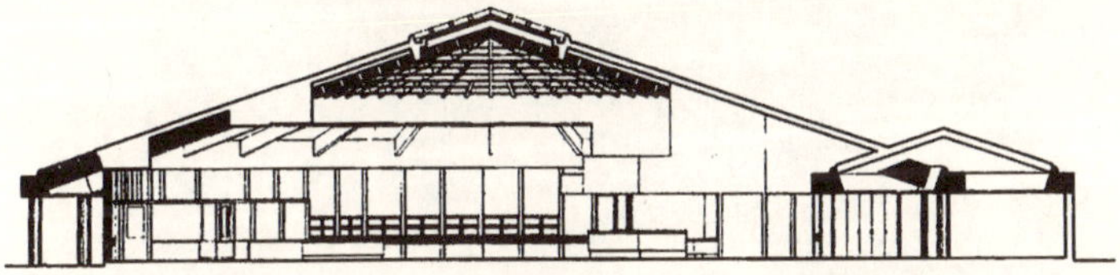

剖面图

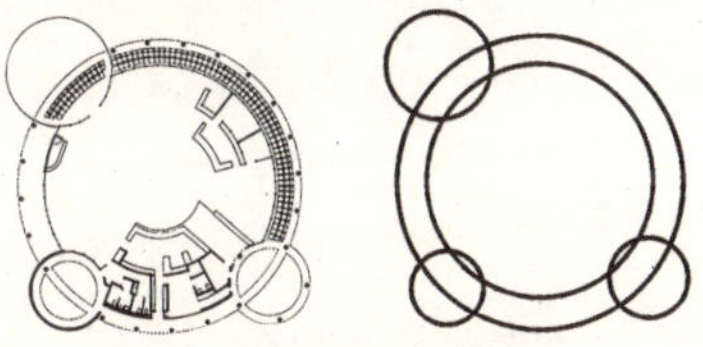

圆锥与圆台　平面图　形态分析图

图 4–5　圆锥和圆柱多体块组合

以大小圆的基本形构成的叠加、相交所组合的圆锥、圆柱体，得到空间的多样性与统一。

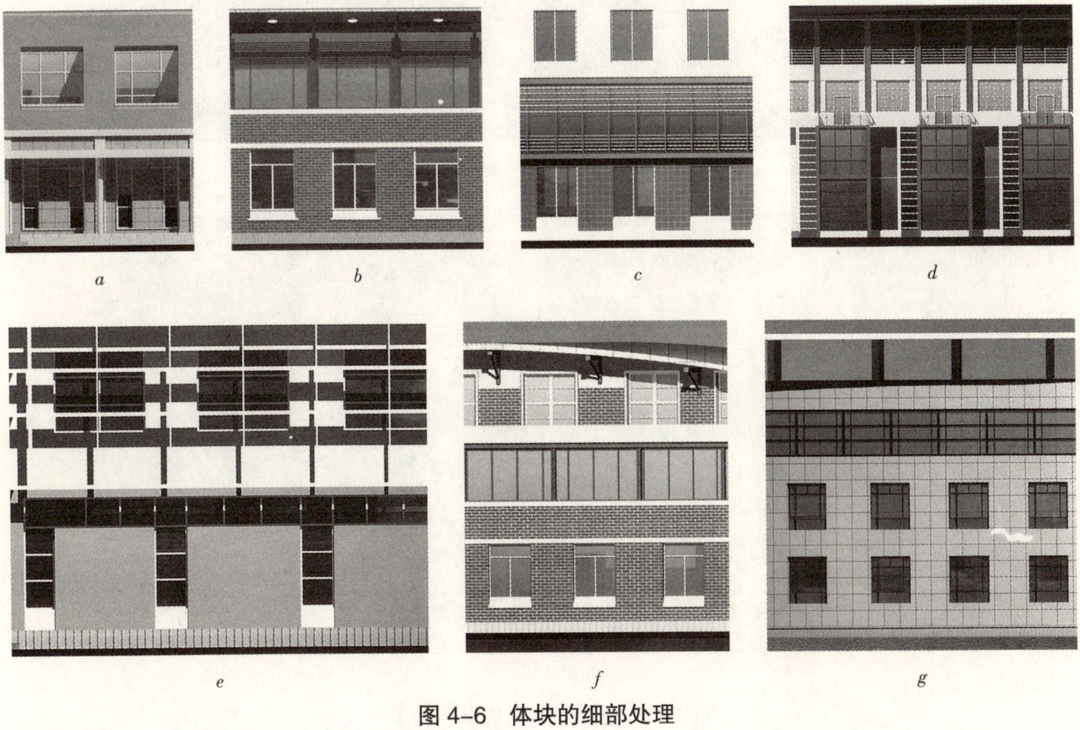

图 4–6　体块的细部处理

（2）风格的创造与突破

1）总体构思或立意。这是指各主线的建筑，如服务区综合楼，在确定建筑形式时，对总体形象的要求，从建筑形式的普遍共识上，基本上分为两种总体构思：一是一线一“式”；二是一站一“景”。一线一“式”在主线的各区建筑，是通过建筑基本元素或符号的“共性”基础上，在识别功能、造型上以一致性为主。如河南高速公路服务区建筑以坡顶连廊为主的造型，结构较单一，手法较严谨，强调的是传统的韵味。同时也出现过主张以新材料、新风格为特征的多元一站一“景”的各个相异的服务区建筑。

2）风格的形成。各民族、各地区长期的历史积淀与创造，形成了各个不同的风格，是建筑创作符号、素材的基础，但在走向建筑形式与理论多元化的今天，高速公路服务区的建设如何在满足功能的同时，把风格的创新放在重要的地位，是设计探索的永远的课题。

选例中不同国家、地区的服务区建设将给予我们一定的启示（图 4–7）。此外，参照当今时代涌现的建筑风格、流派，也给服务区创作提供新的思路。

a

b

图 4–7　国外服务区选例（一）

c

图 4–7 国外服务区选例（二）

4.3 服务性建筑造型的方法

4.3.1 空间组合的方式

建筑造型从根本上分为两种：一是对称式，传统以轴线两侧基本相同的体型组合，突出主体、分清主次、严谨对称。在大型庄重性办公楼采用较多（图 4–8）；二是非对称式，以反映不同功能、内部空间的体型，通过体型高宽、比例，达到视觉均衡的状态（图 4–9）（在构图原理或形式美法则指导下处理好两种基本造型详见下节）。

公共建筑空间组合方式，由于功能、基地条件的制约，虽有不同的方式（如间隔式、大厅式、单元式、庭院式等）但办公及管理性建筑以间隔式、庭院式为主。服务区综合性建筑以大厅式、单元式组合方式为主。总之，空间组合方式的确定是基于环境分析，内部空间的形式，以及造型风格的选择。要做到博采众长，不拘一格，有所突破，立足创新才能创作出符合时代要求，新颖独特的建筑风格。

4.3.2 构图原则与构成法则

当代建筑的体型丰富而多样的组合，要求熟悉与掌握无论是传统的构图原理或是现代的构成手法，或是两者结合的方法，再通过一些优秀实例的分析，举一反三、融会贯通，才能信手拈来，水到渠成。

建筑风格从古典主义走向现代主义的过程中，传统的构图原理也在不断地丰富与发展，加之，现代构成的运用更提供了建筑造型的多种方法，一些基本原理与构成法则结合服务性建筑的造型，将有助于开拓思路，不断创新。

（1）构图原理，一般有以下几点：

1）主从与重点

建筑形态关系是指两个体量以及两个以上体量之间的一种从属关系，内在联系，孰主、孰次，既两者分工明确又主体突出，重点显现，呼应、衬托，对比而又和谐。

a

b

图 4–8 对称式

在基本形体对称下，两翼或窗户的差异反映了内部的不同功能。

a– 光山服务区；*b*– 西峡服务区

a

b

图 4–9 非对称式

不同体块左右组合，要求达到视觉的平衡。

主从形态的组合，在对称和非对称之间构图中以主体的轴线两侧在体量与高度上与从属体在对比中强调其主要地位（图 4–10）。

a

b

c

d

图 4–10 主从与重点

在非对称的构图时，以主体两侧孰轻孰重犹如秤砣与秤物的平衡关系。

在水平舒展的均衡构图中，以某一体块的插入，不以体量为主体，而采取高耸、轮廓分明的形态形成构图中心或重点。

重点有的表现在功能使用方面，如主要入口的雨篷、门廊、台阶、电梯、楼梯间；有的体现在建筑体量方面，如体块的转折交接或联系部分，以及体块尽端结束部分，加强与丰富了体块的表现力。突出重点是相对于一般而言，相辅相成才能相得益彰，面面俱到，就无所谓“重点”。

服务区、管理监控中心的建筑一般属于中小型建筑范围，除了学习了解传统构图的一般原则外，可应用现代构成的一些手法，借鉴一些其他公建类型的优秀选例，从中吸取创作的理念与技巧。

2）对称与均衡

人们对自然事物认识的对称性根植于漫长的历史的进程中，中轴与对称是构筑群体秩序的传统手法。

几个不同形态组合的建筑一般只有两种处理情况，即构图上的对称与均衡（图 4–11、图 4–12）。

无论是传统的群体布局或单幢建筑，明确的中轴线是构筑左右、两侧同形、同景、同色的形态完全对称的主要手法，对称的建筑物不

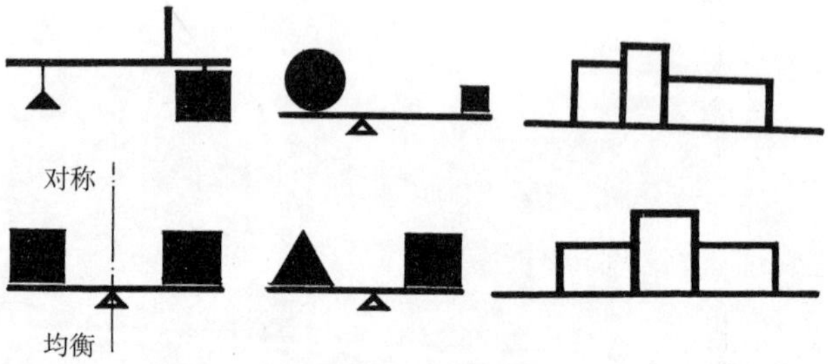

图 4–11 对称与均衡

a

b

图 4–12 均衡设计手法示例

仅以平衡、安定的形态而存在，而且会给人以庄重、严谨、纪念性的感觉。建筑功能与空间的发展打破了传统对称中拘谨、保守、刻板的一面，以功能、技术为依据，创造了不同形态、空间的组合，产生了非对称的格局，运用均衡、动态、穿插，以至错位、断裂、扭曲等多种建筑形态构成方法。

一般左右体型的高低、长短不同的组合，由于体块的重量感不同，如何在构图上达到完整与安定，使在不对称构图中达到均衡的原则，这也是体现建筑构图完整与否的重要条件之一。

3）节奏与韵律

节奏与韵律是既有区别又有联系的一种表现方式（图 4-13）。节奏是有规律的重复。在宇宙中自然现象节奏的表现方式如寒暑昼夜的来往、新陈的代谢、风波的起伏、山川的交错……。节奏是以使各形式要素间具有单纯的明确的联系，使形式富于一定的秩序、特定的组合与排列。而韵律是有规律的抑扬顿挫，使形式富于律动的变化。节奏是韵律形式的纯化，韵律是节奏形式的深化。艺术映照自然，节奏成为一切艺术的灵魂。在采用递增方式构成的韵律在造型活动中，其主要作用是使形式产生情趣、抒情性以及力动感。

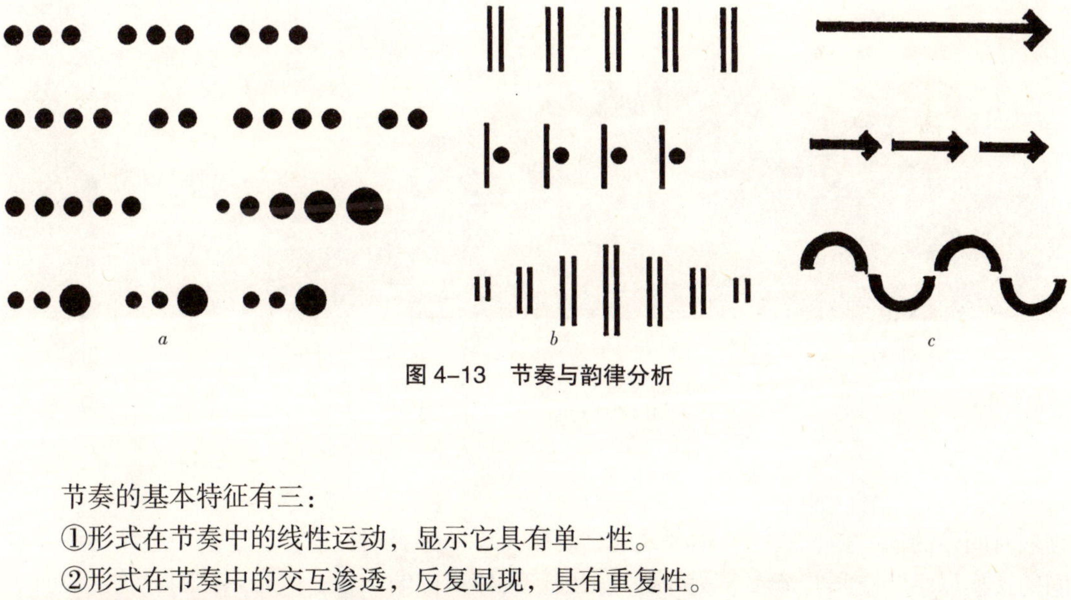

图 4-13 节奏与韵律分析

节奏的基本特征有三：

①形式在节奏中的线性运动，显示它具有单一性。

②形式在节奏中的交互渗透，反复显现，具有重复性。

③形式在节奏中跳跃、回旋，使其具有对应性。

节奏的三个基本特征，既包含形式之间的“同”也有“异”，即在“异－同”方面的统一性，在同中见异、异中见同，从而达到形式的定向和谐一致、错落协调（图 4-14、图 4-15）。

单体建筑中的柱间、门窗、阳台等构件的重复出现，这是极明显的基本形重复，这是重复在设计构成中最简易的方法。

韵律、旋律和声在一起成为音乐上的三大要素，在视觉设计上，虽然不像音乐所表示

a

b

图 4–14 韵律、节奏示例

相似的坡顶重复构成产生了节奏感。

强烈时间性的韵律来，然而依据视线之移动以及运动感表现出韵律。建筑中连续的不同空间的转换以组织空间的节奏。所以有人把建筑比作凝固的乐章，以音乐比喻建筑，说明了这种时间节奏的可扩散性。节奏成为显示时空持续的象征。它以一种直观方式表现了某种特有的“力”。

4）比例与尺度

建筑形态包含着点、线、面、体及其长、宽、高、大小、分隔、间距等方面的关系，表现了建筑的各部分，整体与局部、局部与局部的比例（图 4–16）。

以相同的开间、柱间距、层高、窗与窗台之间的不同划分产生不同的比例关系与视觉效应。当层高不同的变化，墙体、门窗不同的处理，其比例的调整、研究，更是建筑造型

a

b

图 4-15 现代建筑节奏与韵律示例

研究、推敲的主要方面。

罗马古典建筑的柱径与柱高以及柱高与檐部、柱基的不同比例，不仅是粗壮、纤细的视觉效果不同，而且隐喻着男性与女性的不同。

中国古典建筑以斗口为基准，各个部件通过斗口的倍数确立整体的比例效果，各个民族所创造的丰富传统建筑的风格，不同的“比例”是它们的主要特色之一。尺度是建筑物整体和局部构件与人或人所见的某些特定标之间的大小相对关系，通常与人的尺度相关的构件如台阶、栏杆、门窗等作为衡量尺度恰当与否的标准。

大尺度与小尺度的空间可以在比例关系上相接近，但在绝对尺寸可以相距甚远，这是人的主观感受与空间尺度相关，雄伟与压抑，宽敞与逼仄等不同的尺度与内部空间，尺度不仅是绝对尺寸的大小，而是通过相互比较之后的一种空间印象。建筑的比例、尺度研究从黄金分割比，几何形的分析，传统建筑的尺度构成等不同角度探讨，以及

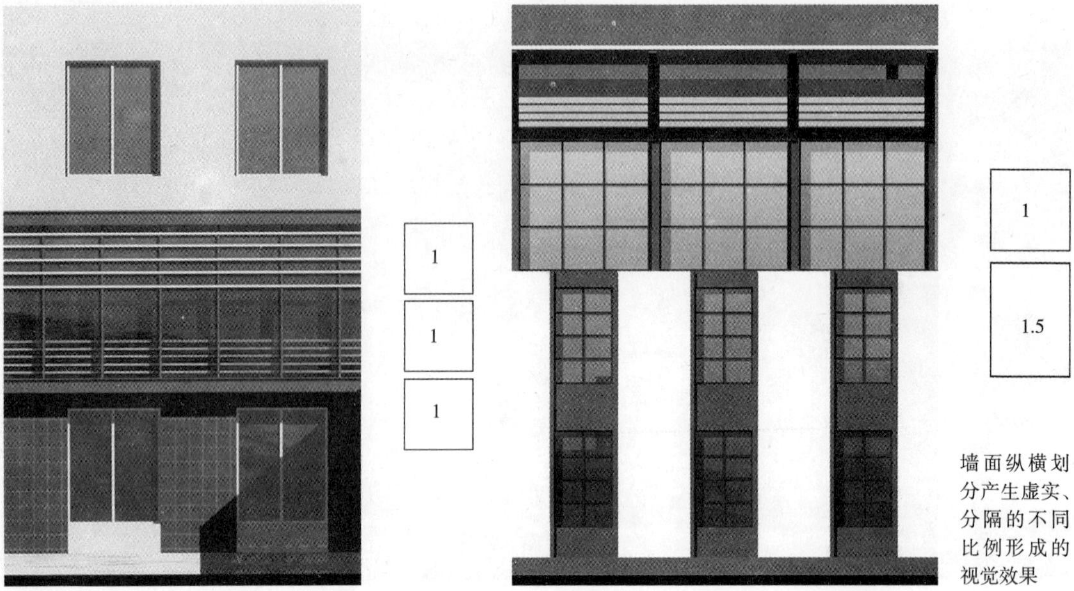

墙面纵横划分产生虚实、分隔的不同比例形成的视觉效果

图 4–16 比例与尺度

在新的功能、技术、空间条件下的比例、尺度观念的突破，都是对建筑形态不同的探索与创新。

因此，建筑的美体现在良好的比例与确切的尺度上，随着建筑功能要求的拓展、一定的工程技术、材料、社会审美意识的发展，对比例、尺度产生不同的影响。

5）对比与微差（图 4–17~ 图 4–19）

事物总是通过比较而存在的。突出表现各形式要素间彼此不同性质的对照，力图表现形式间的相异性，扩大变化幅度，互相刺激，创造强烈的、生动的、具有各种特性的效果。这就是对比。

由于对比，使人感觉刺激有较高的强度，所以容易使人们视觉兴奋，进而使形式具有生命力。此外，在时间、空间上有意识地应用上述相互关系，就能求得更富有显著动感的视觉效果。

在形态构成要素中的某一因素在关系差异彼此作用或相互衬托程度的不同，取得的形态、色彩、肌理之间的不同艺术效果。

对比突出了强烈的差异，其程度显著，起着夸张性作用，差异程度较小的表现称为微差，在差别中还显示着一定的协调与共性。

对比的类型可有以下几种：

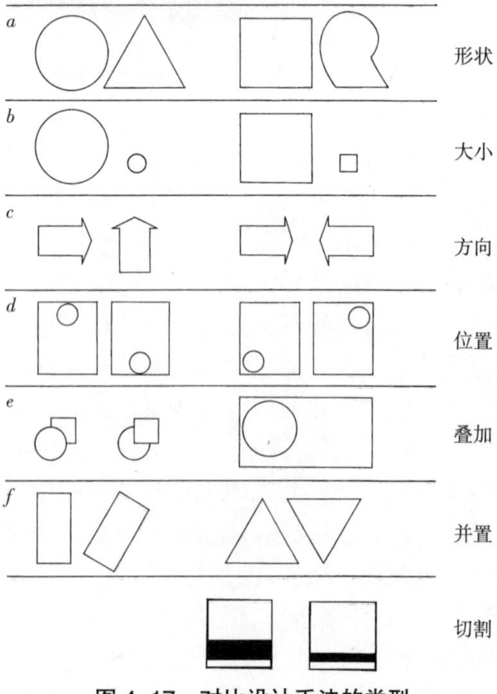

图 4–17 对比设计手法的类型

a　　　　b

图 4-18 对比示例

a- 不同方向、形状的坡顶差异与对比，使小型收费站的建筑造型更具形式上的美感；*b*- 两侧坡顶的形状具有方向的对比

形状的对比　它包含了多种方式，如简单与繁复、棱角与圆滑、直线与曲线、几何形与不规则形等。

大小的对比　形状的大小，对比可以极为明显。

色彩的对比　色彩的冷与暖、明与暗、鲜与晦及相对色组均属对比。

肌理的对比　材料的不同，形的表面质感不同，赋予触觉及视觉肌理的不同。如光滑与粗糙、硬与软。

方向的对比　相反的方向或互成直角的方向都有对比的感觉。

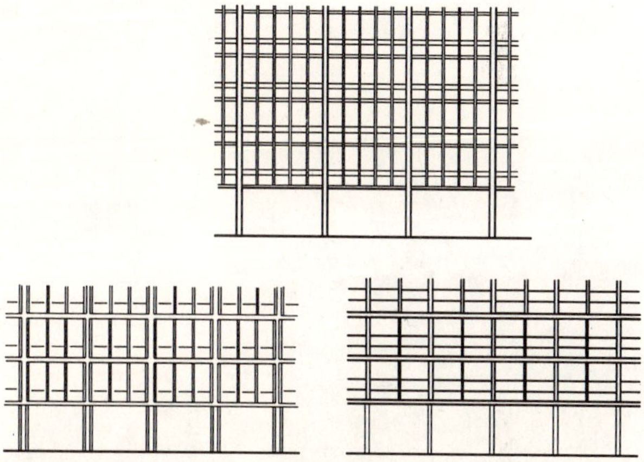

图 4-19 不同方向的水平与垂直线把建筑立面分割成不同的比例

位置的对比　位置于画面、空间的不同显示出上与下、左与右、高与低。

空间的对比　在平面上形与形之前与后的感觉形成空间的对比，三向度的空间通过虚与实、曲折与贯通、穿透与阻断等造成对比。

（2）构成法则。以点、线、面、体等构成要素以及相互关系建立起来的三大构成，即平面构成、立体构成、色彩构成为现代工业设计的基础，就建筑从形态空间、结构等的创新也把三大构成称为当代建筑造型的基础。

形态构成理论，以点、线、面、体各种要素形成的建筑造型与空间，如线的直、折、曲，面的平、弧、曲，以及体的原型、球体、正方体、锥体……。经多样的手法与创造，如切割、叠加（积聚）、穿插、扭曲、动感等，丰富了现代建筑造型，并以其理性、单纯性、生动性、时代性的特征，赋予了人们的视觉冲击，时代的审美特征与艺术的感受，也为高速公路服务性建筑设计开拓了新的理念，提供了创作基础。

从几何原型及其要素构成通过分解、切割、积聚等不同方法的创新，尤其是在大跨度空间上的运用，产生的多样的形式，为设计开拓思路提供新的启迪与借鉴。图 4-20~ 图 4-32 列举了形态构成在建筑造型上各种手法的运用。

1）注意形式的线、面源于多种几何形态的切割，产生的片段与轮廓，研究其组合方式与关系是主要的途径；

b

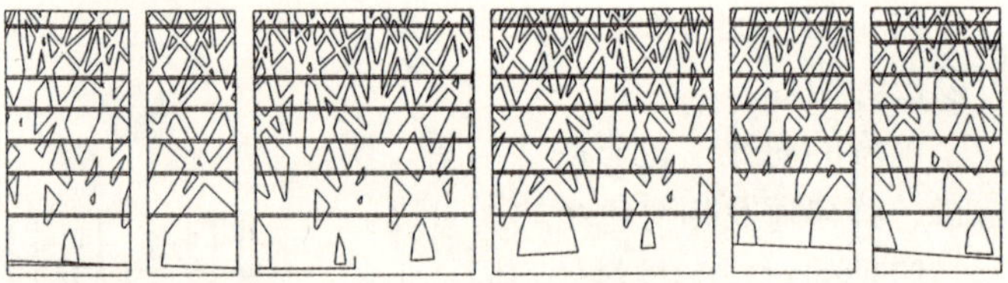

c 立面展开示意图

a

以线对面的切割，或直线，或斜线，或交错等对立面产生的不同的视觉效果。

图 4–20 线的切割

2）各种形态的分割、积聚、切割是形态组合的基本方法，往往可通过“建模”的手段进行方案的比较与推敲；

3）不同形状的曲面，源于仿生学的启示，又经理性的几何思考如以母线与不同导线的运动方向，变异而形成扭曲的效果；

4）分层的切割与叠加，以及旋转、穿插等组成的形态示例，并注意形态之间的联系与空间的形态与轮廓（天际线）是现代创作主要方法，研究分析一些名家名作，从中找出一些有助于深入认识构成的作用。

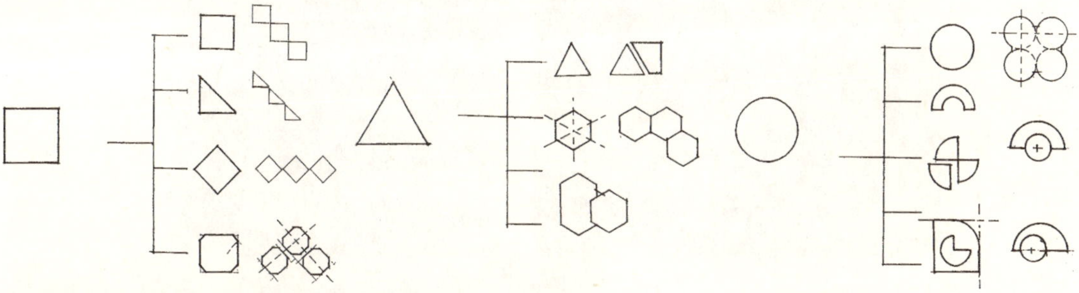

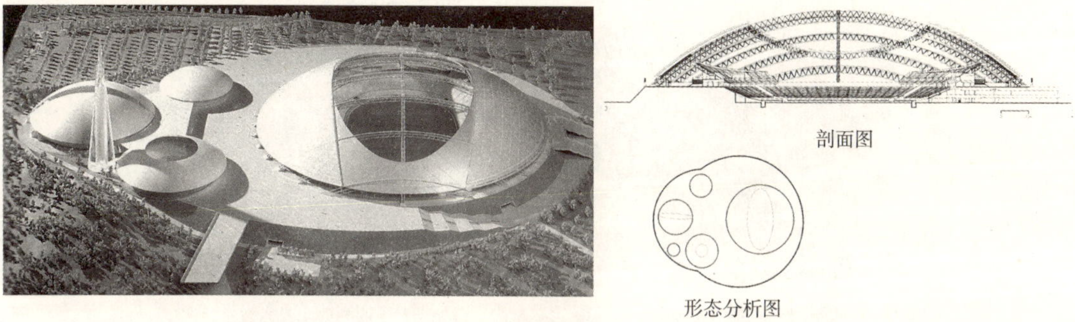

a 某体育馆

b 日本某儿童图书馆

c

图 4–21 单元的基本形及衍生

a 希腊奥林匹克运动中心

抛物线

b 巴西利亚阳光大教堂

教堂的屋顶由数十根双曲线状的立柱束在一起，远看像巴西印第安酋长用禽鸟羽毛做成的“王冠”。

双曲线

c 四川三星堆博物馆

形体中双向卷曲的螺旋线流畅而优美，环境中的曲线和建筑形体配合协调。

图 4-22 双曲线、螺旋线

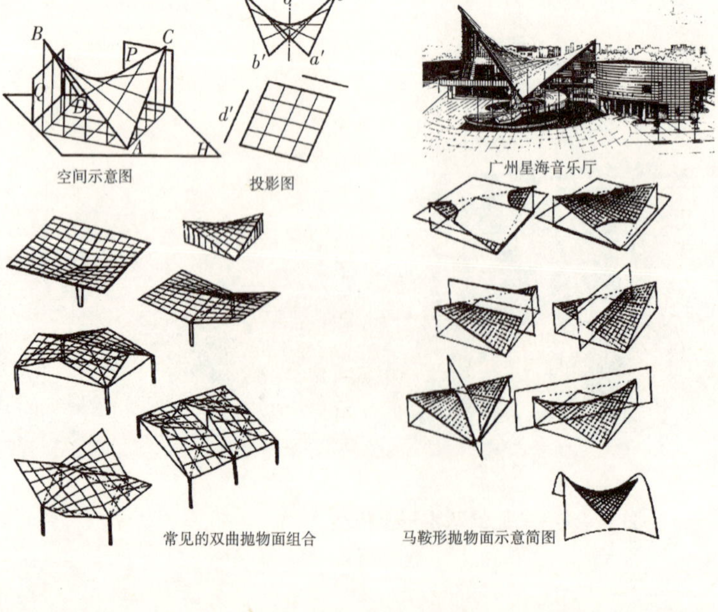

图 4-23 双曲抛物线

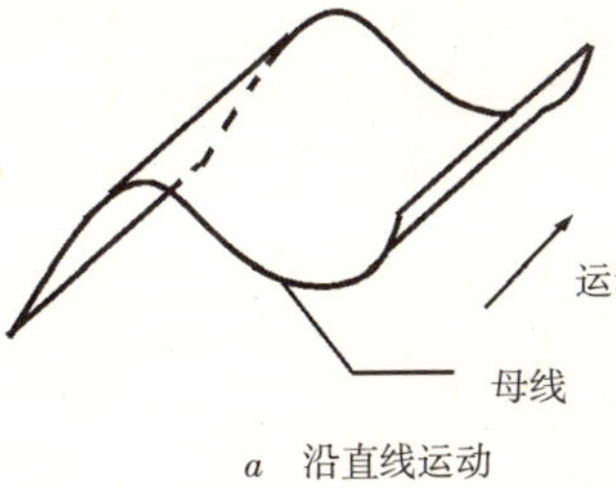

a 沿直线运动

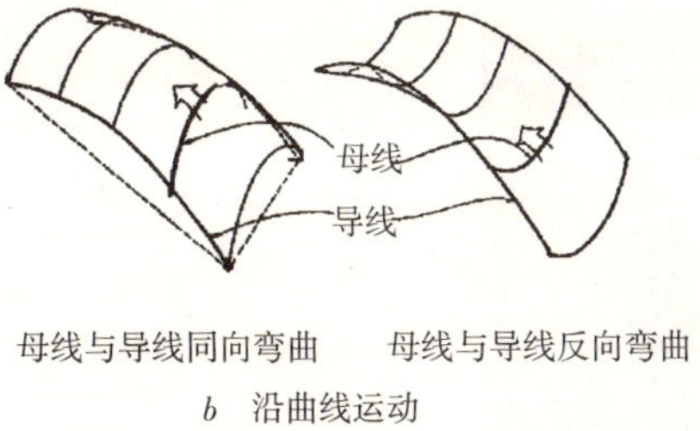

b 沿曲线运动

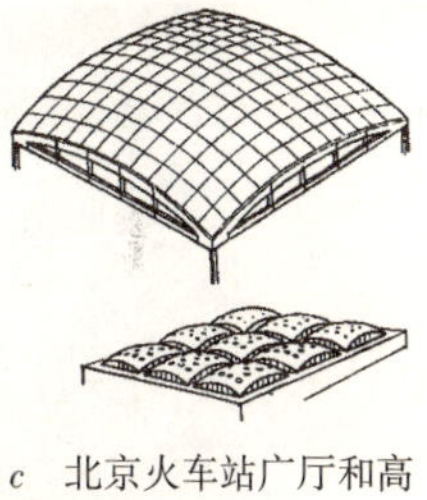

c 北京火车站广厅和高架候车室屋盖

图 4-24 曲面造型

曲面的类型较多，图中显示曲面的形成以及各种曲线形态的建筑造型，丰富了现代建筑创作的手法。

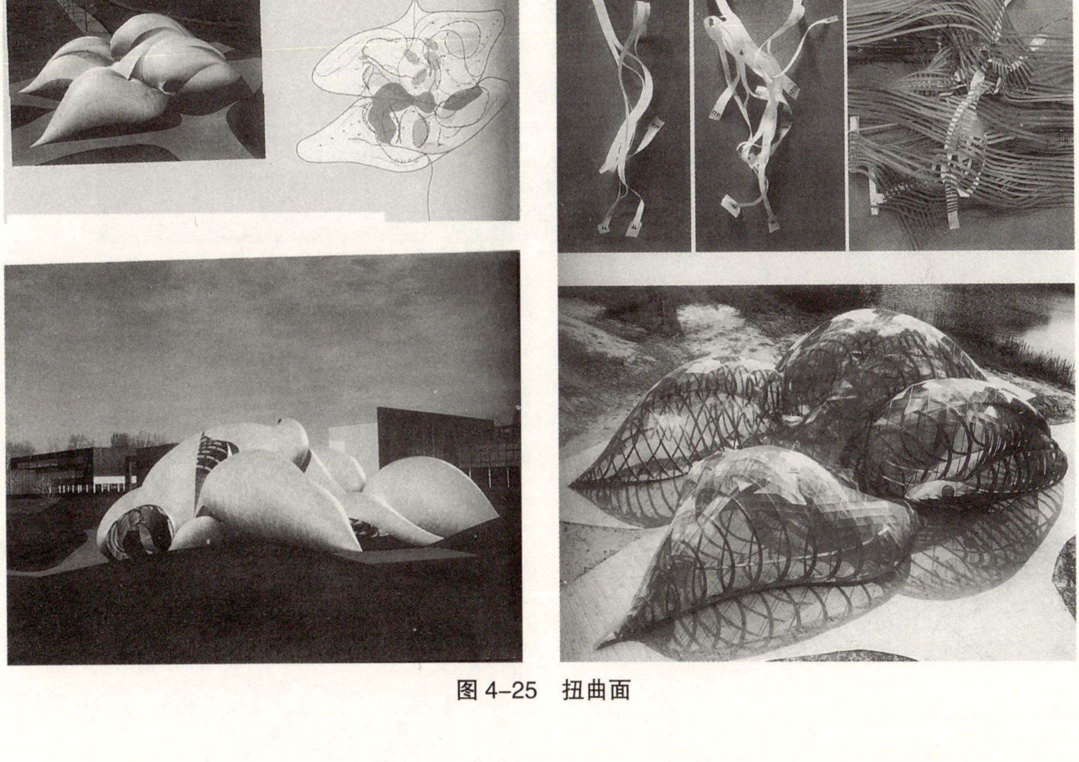

图 4-25 扭曲面

锥面形成大会堂的屋顶　　锥面　　锥状面　　锥状面的雨棚

图 4-26 锥面

横滨国际码头终端室内的混凝土结构（日本）

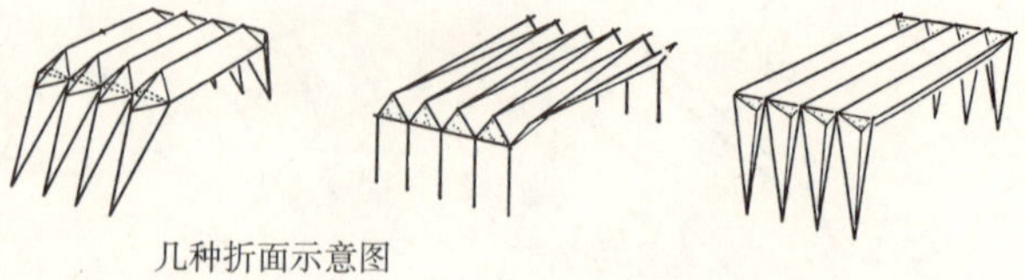

几种折面示意图

不同的折板结构，构成了大跨度的内部空间。

图 4-27 折面造型

格威内特中心教学楼

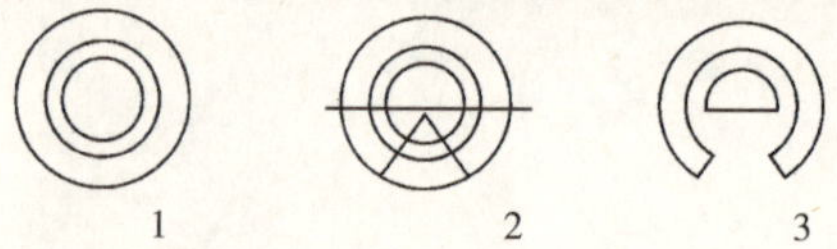

圆环形的建筑被整齐地切去一角

形态分析图

图 4-28 圆球和圆环的切割

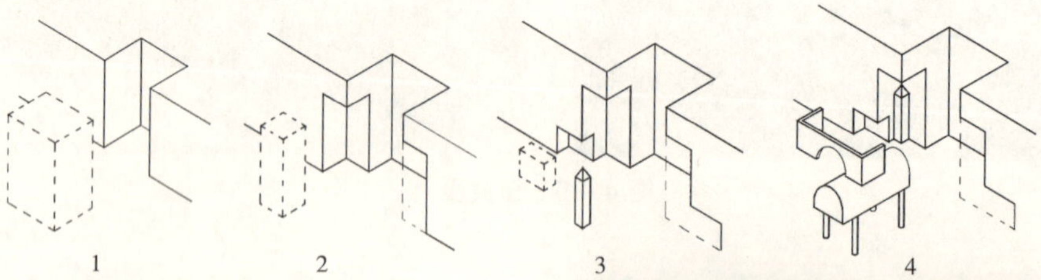

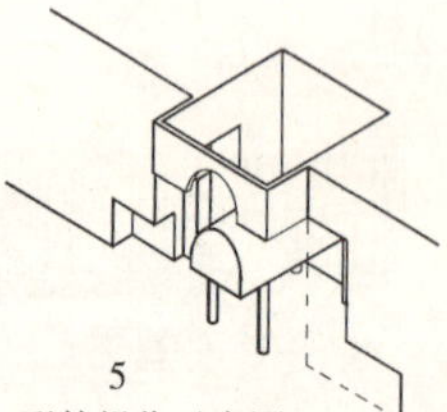

形体操作示意图

长方体上切掉或增加若干个大小比例不同的体块，处理简洁明快。

北京国际展览中心

图 4-29 体块的切割

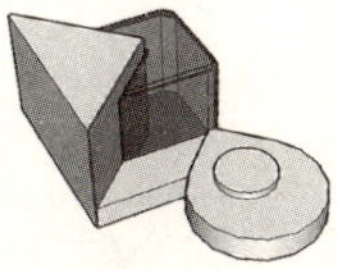

形体分析图

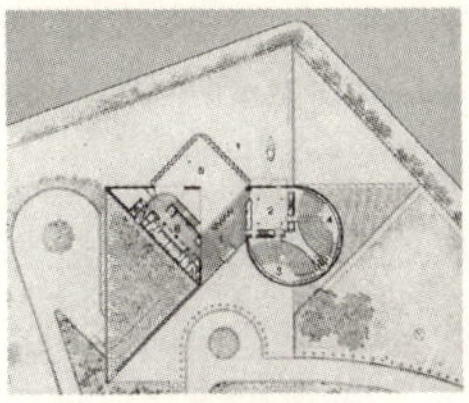

平面图

简洁的几何体块，有秩序的组合关系，
强烈的形态对比，极具视觉的冲击力。

肯尼迪图书馆（贝聿铭 1979）

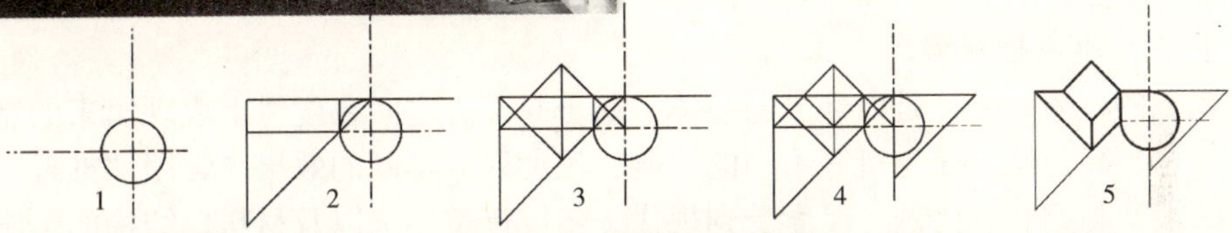

图 4–30 形态生成分析图

形态分析图

苏州博物馆（贝聿铭 2004）

图 4–31 体块的组合

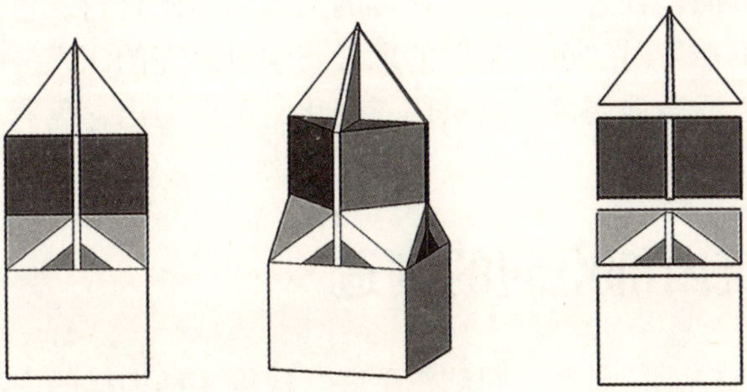

形态分析图

由正方体基座上经切割、旋转，
不同体块的对比与组合，形成高耸的钟塔。

文锦渡海关大楼钟楼

图 4–32 综合手法建筑示例

4.3.3 体型组合要求

体型组合一般要求是：

（1）轮廓清晰，交接自然

高速公路服务性建筑一般地处城市近郊、平原、山坡、丘陵，接近自然，它与城市中建筑紧拥、相邻关系截然不同。在天空、绿化等相衬下，与建筑形成的图底关系显明。

有时车辆在高速行进中，留下的一瞥是建筑的轮廓，有时稍加停憩，建筑天际线印象深刻，难以忘怀，因此，建筑体型组合或体块单一简约、或高低错落、或轻盈舒展，同时又关系明确，手法运用恰当（如穿插、错位、旋转、符号等），交接自然、形象完整。

（2）比例尺度，把握得当

建筑视觉的整体效果，是以部分与整体、部分与部分之间在度量上表现出来的制约关系。如长与宽、高与低、虚与实等不同的比例、尺度取得不同的效果。常用"推敲"两字表达创作的艰辛与用心。比例、尺度受到现代、传统审美要求以及材料、结构的影响，它既有约定俗成的一面，又有突破创新的一面，因此，研究各类建筑的比例、尺度对创作有着重要的作用。把握得当将提高创作的审美水平。在建筑构图原理中，还包括主次、对比、节奏等诸多要素，也应在实践中不断加深认识。

（3）色彩细部，呼应协调

俗语云："细节决定成败"，建筑风格的形成，往往取决于细部符号的运用、采撷，或简洁、或繁复、或土或洋，各臻其妙，恰如其分的点缀，表现着设计的功力与形式的创造，在当今多元化时代，细节的直接表达，搭配移植、变异重构，全在于建筑设计人对细部的理解，构成手法的理解与熟练程度。色彩处理在建筑造型上发挥着越来越重要的作用，建筑的色彩与质感不仅赋予人们的观感，影响着人们的情绪，更重要的是显示建筑的性格与格调。江南水乡的白墙黛瓦，轻巧、明快，宫殿建筑的彩画、琉璃表现出华丽、庄重。此外，不同建筑材料的质感，光滑、粗糙、细腻、鲜亮、沉着、坚强、柔软，无不在视觉上、触觉上得到不同的感受，认识材料的质感与色彩的作用，巧妙地处理，在对比与协调中得到发挥，是建筑创作不可忽视的重要方面。处理好色彩与环境的关系，不同材料、色彩的搭配，以及色彩与照明的处理等，无不在于对"色彩学"的思考与学习研究的深入。一般色彩的处理常规，当材料质感相近时，适当强调色彩的对比与变化，重点突出，色彩相近时，则适当强调质感的对比与微差，以求协调。

4.4 建筑内部空间的创造

在要求合乎一定功能使用目的的前提下，通过不同创作手法，取得多种多样的内部空间形态，给予人们不同的视觉感受、体验与效果。内部空间造就了某种庄重、雄伟、高耸、敞亮、压抑、逼仄等不同氛围与气势，因此，建筑在某种意义上说：建筑的本质就是创造空间。内部空间基本上分为两类。

（1）单一空间

一般以六面围合或限定的空间，通过面的长、宽、高的不同比例尺度表达其空间形态。各个单一空间，无论是封闭、开敞、半封闭、半开敞等，通过重复、分隔、连续，形成间隔、过渡、流通、渗透、组合的各种方式联成整体。

（2）复合空间

在建筑空间历史发展的长河中，创造与积累了丰富的经验，总结了多种的建筑空间设计手法，造就了内部空间的多样性与丰富性。结合服务区综合楼建筑设计的特点，重点介绍以下几种手法：

1）下沉式空间（图 4–33）

2）地台式（上升）空间（图 4–34）

在尺度较大的空间局部进行下降、抬高地坪而形成相对独立、划分功能的区域。如大厅在划分超市与餐饮时，通过地面台阶、围栏划出不同功能区域，加强人们在休闲、就餐

上升与下沉是相对而言的一种空间类型，无论在室内、室外，两者相辅相成的构成，丰富了空间的层次。

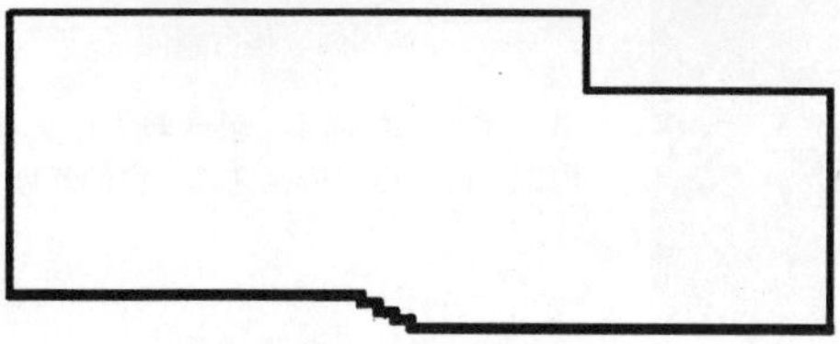

图 4–33 下沉式空间

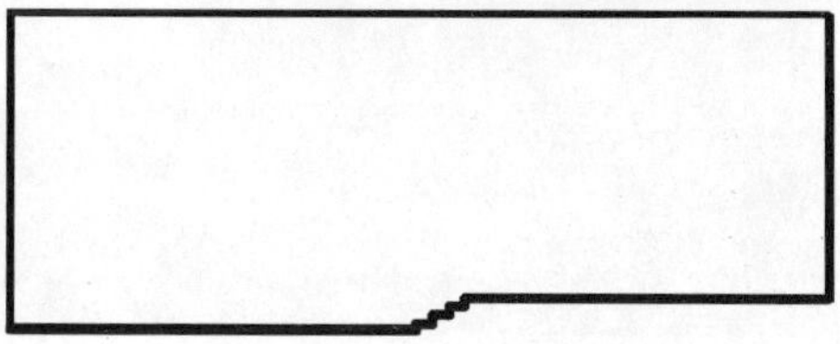

图 4–34 地台式空间（上升）

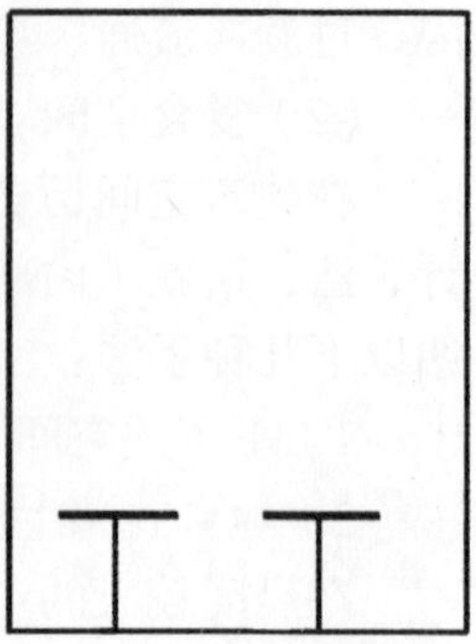

母子空间

吊顶的高差或共享空间中的茶座或铺面形成主次高低不同的小空间称为母子空间。在大空间中加盖的小空间使人们在活动中得到亲切感与领域感。

图 4-35 母子空间

时的领域感、亲切感，也有利通过内部装饰处理强化复合空间的作用，丰富了空间的层次。

3）母子空间（图 4-35）

4）回廊与挑台

为避免在大空间中空间顶面的一致而形成压抑感，而采用二层以至多层的回廊，提高了部分大厅的高度，使空间上有所错落增加了眺望、回旋的余地（图 4-36、图 4-37）。

5）交错与穿插

打破对位、横平、竖直的内

图 4-36 回廊与挑台空间

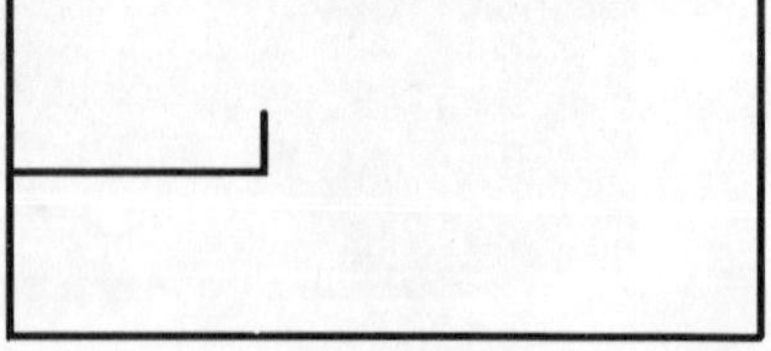

回廊、挑台空间

单层或多层的回廊、挑台与大厅的对比，使内部空间宽敞、明亮并具一定的气势。

图 4-37 回廊、挑台与大厅空间的对比

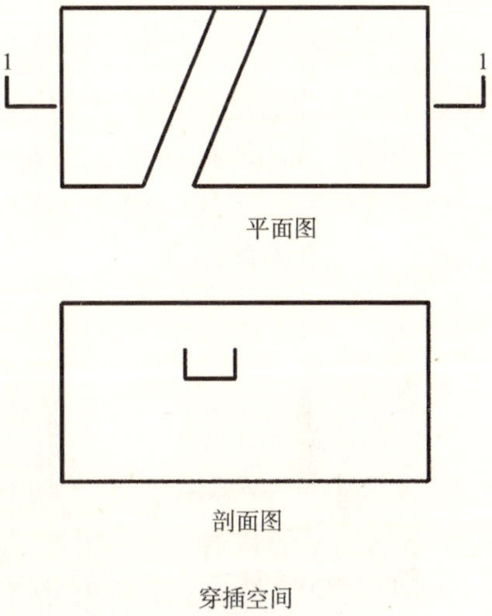

图 4–38　穿插空间

穿插是现代空间组成的手法之一，它起着活跃气氛、联系、渗透的作用。

部空间，运用不同方向空间叠加、穿插、错位的手法，使空间增加了动感、活跃的气氛（图 4–38）。

6）虚幻空间

虚幻空间是通过水面或镜面所映射的景象给予人们的空间印象，除了扩大空间感，造成印象幻觉的一定装饰效果外，结合景观配置，赋予了人们观赏与无尽的遐想（图 4–39）。

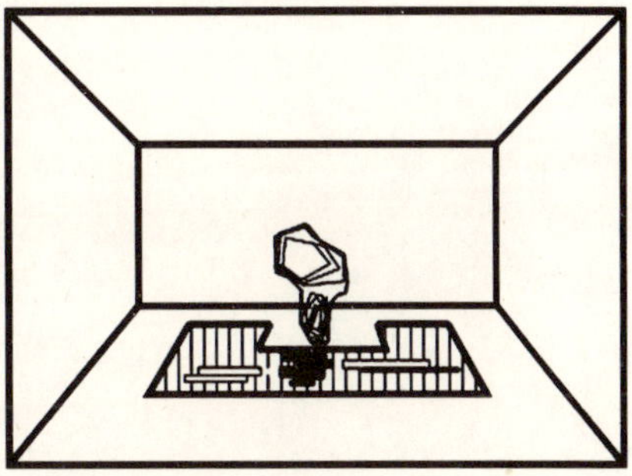

室内、室外空间通过一泓池水，一片玻璃镜面形成的反射扩大了景深，增添了几分灵动。

图 4–39　虚幻空间

7）共享空间

共享空间是大型公共建筑室内空间的现代创作手法，又称之为中庭、四季厅等，它是多样的空间布局结合自动扶梯、观光电梯、挑廊、穿插，以及自然因素的引入，如玻璃采光天棚、植物绿化、水景，形成了繁华、热烈、多彩的“人看人”世界，虽然服务区综合楼远不及这样的规模与要求，但初步了解这一手法也会有所裨益（图 4-40）。

构图构成的原理与手法的运用、创造可以说是无限、无止境地研习有关建筑创作的理论如时代精神、民族地区的风格等与优秀的创作经验与自身的实践经验结合起来才能把创作提升到一个新的高度。

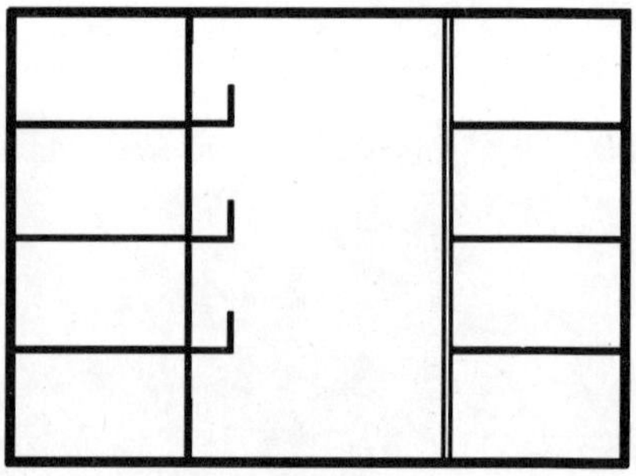

共享空间

三层的高敞空间，底层空间的延伸赋予了休闲共享的性质。

图 4-40 共享空间

第五章　高速公路的环境与景观

高速公路环境与景观的设计研究是现代道路美学研究的重要组成部分。高速公路从规划建设一开始就面临着环境、生态、可持续发展的重大问题，还涉及众多的学科领域。它的研究与应用虽在我国高速公路设计中得到了不同程度的重视，但由于我国高速公路建设起步晚，涉及方面多，借鉴国外经验并进行深入研究将对提高建设、规划及设计水平起着重大的作用。

5.1　高速公路的景观美学

1. 景观美学的内容（图 5–1、图 5–2）

高速公路景观美学的研究对象与内容从重视选线的自身美，完善道路线形设计，改善道路环境以及提高运输效率，增进交通安全，为司乘人员提供一个舒适的旅行环境，不仅

a　*b*　*c*　*d*

图 5–1　高速公路景观

a

b

图 5–2 服务区的景观与环境

提供了理论基础，而且在实践中发挥着很大的作用。概括地说，大致有下列几个方面：

1）线形要具有三维、四维的空间特征，如线形流畅，在不同速度下驾驶员的视觉特性，要把线形的连续性、视觉的运动性与节奏感得以完美体现。

2）路线与地形的结合，起伏有度，融为一体，如在丘陵地区，地形起伏，路线平面、纵面都应适当地配合，达到与设计车速相适应，使用上舒适，路容上美观，投资上经济。

3）充分利用自然景观资源，使视野在动感中得到多样性的感受，防止单一化。路线经过的地区，利用景观的最佳特征，使视野具有多样性，引人入胜，避免单调，如前方可有对景出现，两侧可以借景，使在旅途中出现一个又一个的高潮，一系列的景点而振奋精神，减少疲劳。

4）充分利用现有环境，避免较大的填挖，减少施工时的破坏自然地貌，并应尽可能恢复其自然、生态条件；设置完善的排水防护体系以保护环境。

5）高速公路的一切服务设施，从服务区、管理区的规划布局、房建设计、环境、绿化及其他服务设施，必须作系统的思考与设计，本章将侧重于介绍景观与一切服务设施设计。

2. 景观设计的意义

高速公路以及其服务性建筑的建设大都处于自然景观怀抱之中，人们在享受现代高速交通中，通过视觉、感觉（知觉）对景观产生心理及感知的反应，体验到自然景象，并在从参与、改造活动中发挥着景观美的感染力。

景观既是体现人对环境的影响以及环境对人的约束，它是人类现代文明与自然的交流和融合。

景观空间的组织，是通过时间的序列，快速的视觉印象，在动观（行进）与静观的交接过程中完成的。现代高速公路的景观构成的要素包括高速公路各个组成部分的自身景观、自然景观和人文景观三大部分，它不仅是局部地块的形象工程设计，而应把局部置于区域、城市之间、环境之中形成的“综合效应”。优秀的景观设计将通过典型环境，特色创造，穿越时空隧道沟通了传统与时代的距离，传递着意境信息，加强了景观的空间意境。

线（道路）、面（节点或场所）是构成高速公路的基本单元和景观的基础，通过一系列绿化、标识服务设施、场所、空间符号以及自然景观的配合，创造了具有个性，线路特点、区域特征的鲜明意象。高速公路的景观美学元素的选择、应用与组合既要注意某单一元素的形态、尺度、作用、位置、系列，更应重视元素之间的协调与统一。

“线”与“节点”的布局实现景观的整体性，它由高速公路及其服务区中一块小的交通岛，道路交叉点，小片绿地，儿童游戏场等，一线的步行道，一条绿化带，大至停车广场，一处交通转盘，立体环状绿地等局部所组成。从广义上看，景观在一定意义上，被表现为一定的环境，一种“场景”，一种美学理想。它表达了某种理念、思想，唤起某种情感、共鸣、愉悦以致联想与思考。

系统论告诉我们：整体意象不是简单的叠加，而是各个部分意象中共性部分的升华。服务区自身景观应有其特色，而更应求与主线各个部分的“融合”，加强整体性的思考与设计。

景观设计的原则：处理好人文景观与自然景观的关系，应以协调性为纽带，共同塑造高速公路自身整体与景观意向的目的。

5.2 高速公路的视觉环境

驾驶或乘坐汽车在高速公路上快速行驶，是司乘人员对道路环境与景观进行着相对运动，虽然通过视觉可获得大约 80% 以上周围环境信息，但由于车速、视距、视力、视野、亮度诸因素的影响而变化。因此，动态地对景观的观赏以及各种标识的分辨能力的研究，为进行高速公路景观与服务设施的设计，具有着重大的理论与实践价值。

1. 视力

人们对前方物体通过光的反射到眼底的视网膜上，如物体离观察者超过一定视距印象就会模糊，视力也就减弱，通常视力在静止与动态状况下有着较大的差异，由于光线强弱，车速快慢，驾车时间，生理年龄差别，司机就方位认知物体的能力也随之降低（表 5-1），虽然产生的原因有着不同的分析，但其结论是相近的。

中国科学院心理研究所的测试结果表明：在无负荷条件下，不同车速对乘客辨认距离无多大影响，而在有心里负荷的情况下，车辆以 60km/h 速度行驶时可看清前方 240m 处的标志，而车速增加 80km/h，则辨认距离降为 160m，如标志设计就与在不同车速下，其标牌的尺度、位置、色彩与辨认度有关。

2. 视野

上述的视力是指在一定的注视点，眼睛对物体的分辨能力，除了注视一个目标时，注视点周围一定空间内的景象与物体也能看到，当头部静止不动时所能看到的空间范围就称为视野。视野范围内的视力称为周边视力。周边视力随视距的距离而变化（图 5-3）。

1）色视野

当视野范围采用色视标来测定时，测定的各种不同颜色的视野范围称为色视野。色视野以白色为最大，其他为蓝色、黄色。绿色的视野最窄（图 5-4）。

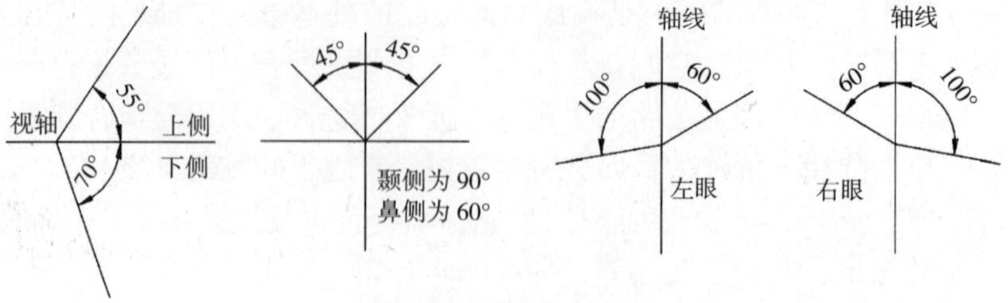

图 5–3　视野

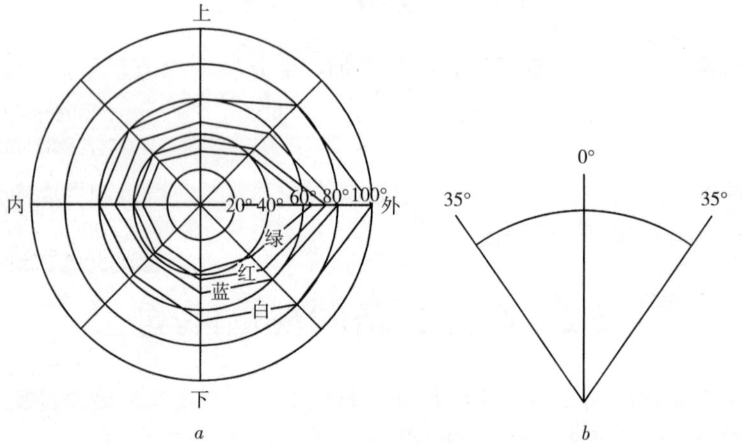

图 5–4　单侧眼睛色视野范围

2）动视野（图 5–5~ 图 5–7）（表 5–1）：

在一定车速的驾驶者，即在运动时所测得的视野范围称为动视野，车速增大时，驾驶者注意力集中点前移，视野范围则逐渐缩小，有实验表明：

车速在 40km/h 时，注意力集中点约在 180m 左右，视角为 75° 左右。

车速在 95km/h 时，注意力集中点约在 540m 左右，视角为 40° 左右。

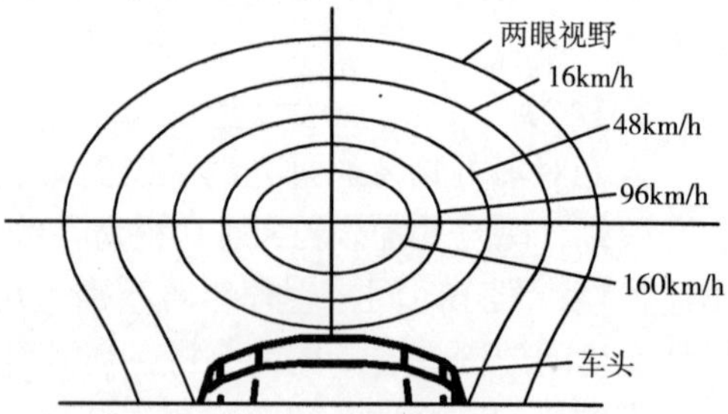

图 5–5　动视野范围

车速与视角及注意力集中点关系表　　表 5–1

速度（km/h）	20	40	60	80	100	120	140	160
视角（°）	70	55	43	30	20	12	7	5
注意力集中点（m）	—	46	180	300	420	540	640	720

此外，当车辆增速后，驾驶者的周边界也随着变化高速行驶时注意力当集中于景象中心，此时视野很窄而形成一种所谓的隧道视，这种隧道视将导致驾驶者视觉疲劳而致瞌睡一类反应。

实验还证明：司乘人员在高速行驶时注意路边景物，当所注意的景物相对人眼的回转

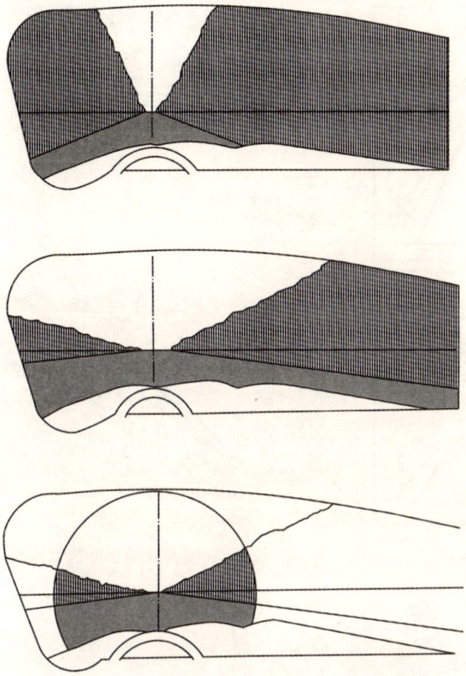

图 5-6 驾驶员的视野随车速的变化

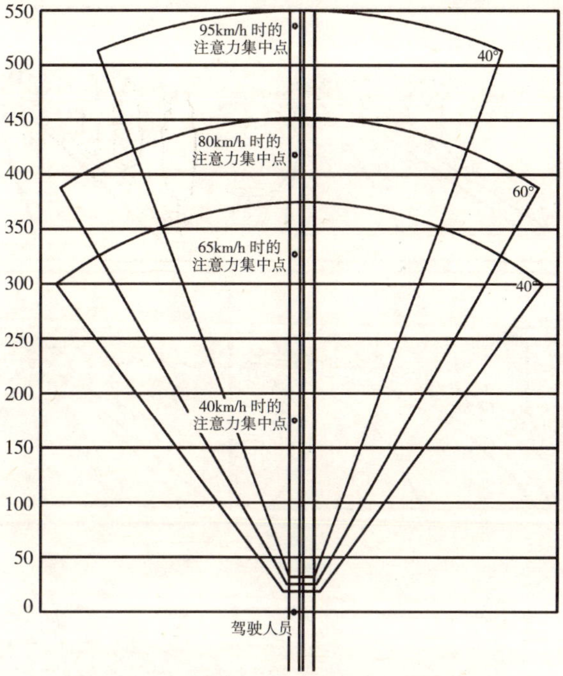

图 5-7 注意力集中点和视野、车速关系图

速度大于每秒 72° 时，景物在视网膜上就不能清楚成像而感到模糊不清。

车速为 64km/h 时，能看清两侧 24m 之外的物体。

车道为 90km/h 时，在 33m 之外的物体才能看清楚。

当小于上述距离时眼睛就无法识别。因此，研究动视野，了解驾驶者的动视觉特性，对于道路的指示性标识的位置安排、环境协调与行车安全是极其重要的方面。

5.3 高速公路的绿化配置

5.3.1 高速公路绿化的作用

绿化是高速公路环境中的主要景观元素之一，通常以道路护栏、石护坡、标识等为硬质元素，而绿化、水面则为软质元素，它具有功能、视觉、美学上的重要作用。在景观设计中，绿化是任何其他要素所不可替代的。

按相关规定要求，在服务区中，园地面积是停车场面积的 3 倍，而在停车场来说，园地面积是停车场面积的 2 倍。同时对于将来交通量增大的需要，应做好扩大园地的规划。在管理区中，建筑宜相对集中、降低建筑密度，提高绿化率（图 5-8）。

绿化景观的三大功能：

（1）交通功能，引导视线、遮光、确保交通安全；

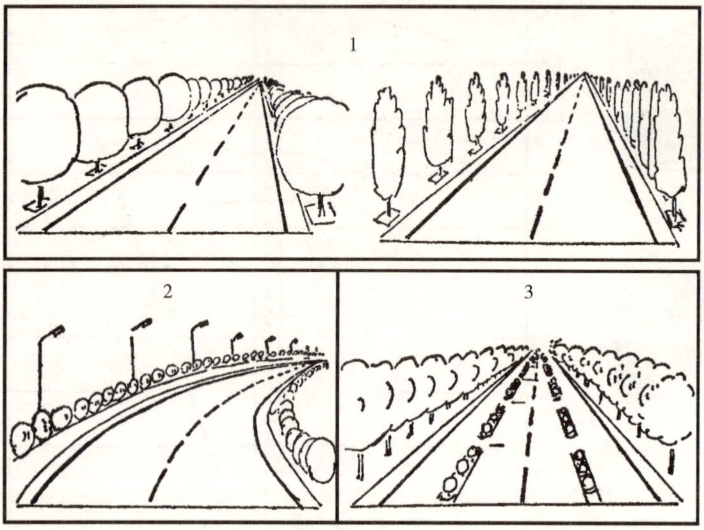

1- 不同的绿化方式使道路环境具有不同的特征；
2- 绿化加强了道路的连续性；
3- 中央分隔带的绿化使用路者产生距离感。

a 道路绿化的效果

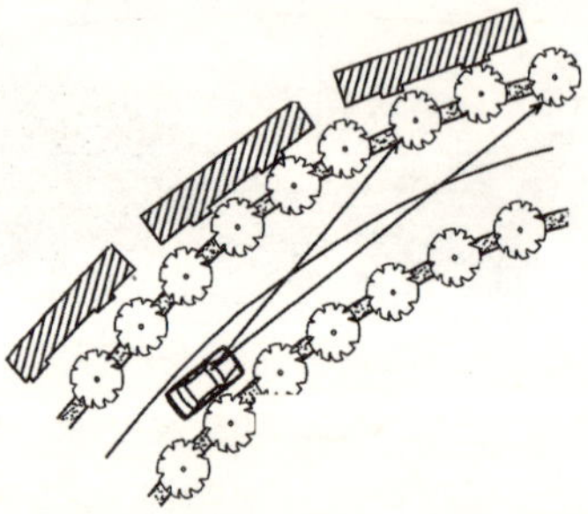

c 曲线外侧视线要封闭不使视线涣散

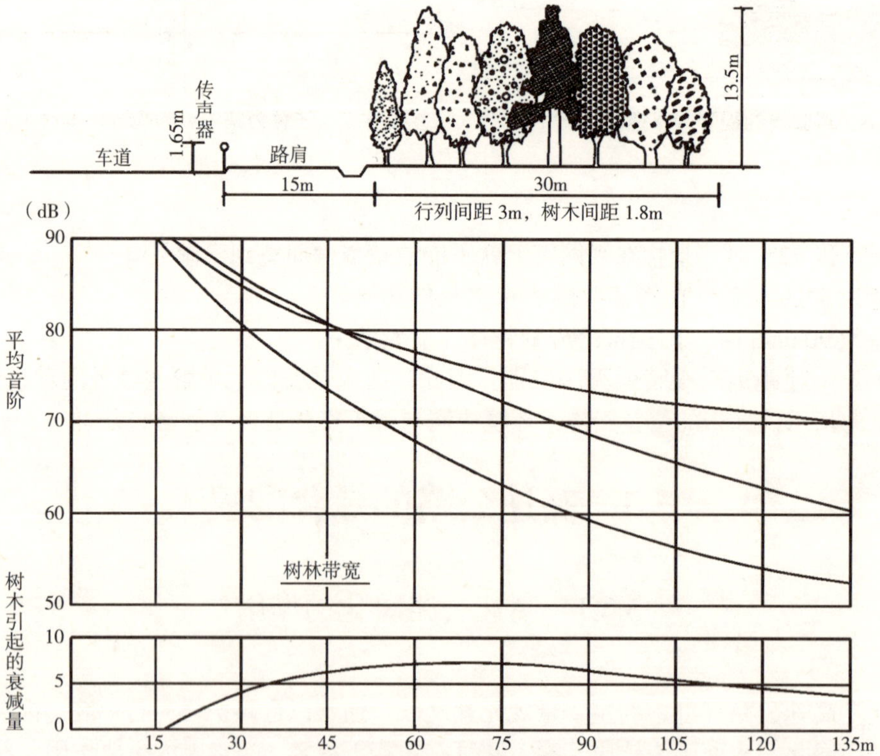

b 绿化林带对防音作用实例
（上图为绿带与道路关系，下图为实测衰减曲线）

图 5-8 绿化景观的功能

（2）美化功能，增进线（道路）和沿线设施场所（站、区）的协调，提高舒适性，建立起良好的绿化景观系统；

（3）保护功能，道路交通造成的危害，改善区域环境。营造绿化带一般都要综合考虑这些功能。

近年来，随着对环境的关心与提高，对减轻道路交通发生的噪声、防眩光、净化大气、调节微气候等由于植树带来的环保功能的期望值和评价越来越高。环境绿化带所要求具备的功能可分为物理效果及心理感觉效果，其中减轻交通公害的效果主要包括降低噪声、防眩光和净化大气的效果。以减轻汽车公害为目的的绿化带应沿主线布置于服务区，绿化缓冲带宽度一般为10~20m。

带状绿化是高速路产生"线"的作用而连成整体，绿化在视觉上能给人以柔和而优美的感觉，它以不同的形状、色彩和姿态吸引着人们，它所独具多种多样的观赏性，减轻了人们旅途的视觉疲劳。不同气候、不同地区条件下生长的树木、灌木、草坪、花卉点缀着道路两侧，加之，不同的布置条件更增添不同道路的环境特色。在高速行进中，速度是重要因素，绿化的尺度、方式必须结合速度因素进行考虑。

凹形曲线的转折，在高速路上虽有严格控制，但难免产生连续性的中断往往造成前景消失，因此，绿化的配置宜加强树形天际轮廓线的连续性。

绿化带还用作分隔与组织交通，诱导视线并增加行车安全。此外，绿化对降温、遮阴、防噪音、防尘、调节气候等均有显著的效果。

5.3.2 绿化配置原则

（1）绿化与景观的设施是构成服务区、管理区、场地的基本要素之一，它对场地的功能分区、景观效果及整体风貌的构成具有重要意义，同时也是衡量场地环境质量最直接的客观标志。从场地整体构成来看，如果说建筑物是场地中的核心，交通系统是联系的纽带，那么绿地则起着平衡、丰富和完善的作用，成为维系场地整体性的重要手段之一。绿地布置不仅要考虑使用上、视觉上的具体要求，更需考虑场地整体的布局结构和组织形态问题。场地的总体布局，应从服务区的特殊使用功能、生态功能和环境功能的综合要求出发，充分考虑绿地的配置需求，确定相应的用地，并将其有机组织到场地整体结构中。

1）坚持以人为本的原则。为使用者的行为要求和身心健康提供一个清洁、优美、生态良性循环的工作、生活环境，同时使场地本身具有较高的文化品位。

2）坚持适用、经济、美观的原则。综合考虑总平面布置、竖向布置、土方施工和管线综合，做到统一安排，全面规划设计。

3）场地有不同分区时，绿化形式要与不同分区的环境相适应。

4）绿化布置要因地制宜。充分利用现有的条件，如绿化植被及自然地形地貌，进行加工改造，从"尊重自然，保护自然，恢复自然"的目标进行绿化设计。

5）对风景林、名胜古迹和革命纪念地的林木、自然保护区的森林及自然保护区外的珍贵林木和有特殊价值的植物资源，均应认真保护。

6）以优先选用本地树种的原则，其优点在于：生命力和繁殖能力较强，维系当地的自然特征，能与其他本地动植物协调生长。

（2）绿化布置的形式

绿化布局基本形式，分为规则式、自然式和混合式，其选用要与场地总体布局形式对应。

1）规则式

规则式的绿地往往采取严整的中轴对称或近似对称的布局，呈几何图形。绿地内的花草树木为等距离栽植。树木的树冠多呈几何形体，需进行整形修剪。道路多为直线、折线

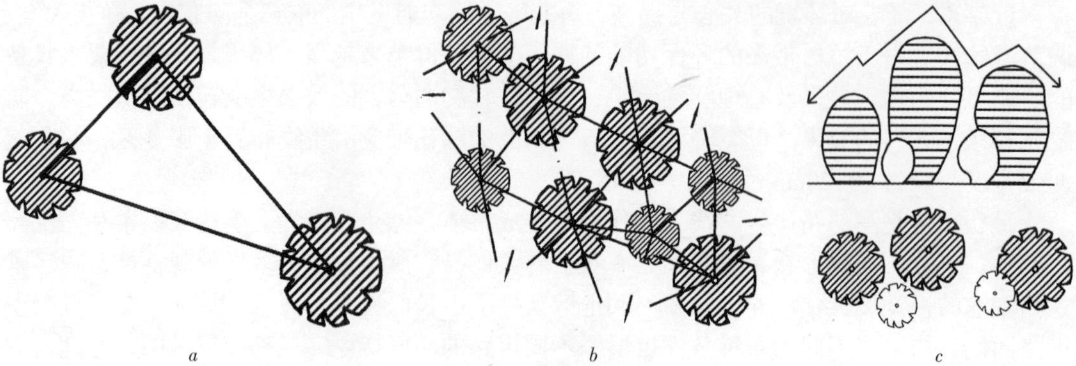

图 5-9 绿化布置基本形式
a- 规则式（不等边三角栽植）；*b*- 自然式（随意栽植）；*c*- 混合式（自然风景栽植的轮廓线）

形或曲线形的几何规律形式，在道路交叉点或视线集中处布置雕塑、喷泉等（图 5-9*a*）。

（2）自然式

自然式不追求对称，一般顺应自然地形。道路自由曲折，树木种植有疏有密，不成行列式，以反映自然界植物群的自然之美。花木布置以花丛、花群为主，不用规则修建的绿篱，并以自然的树丛、树群、树带来规划和组织空间。多设置假山、缀石，采用雕塑、棚架等小品。水体的轮廓为自然曲线。该形式适用于居住小区的中心花园、一般机关单位的小花园(图 5-9*b*)。

（3）混合式

混合式布局是将规划式和自然式的特点结合，应用与同一场地绿化布局中，同时体现人工美与自然美。绿化布置时，可视具体情况，用园路将绿地划分成规则的几何形，而在种植设计中，采用丛植等自然栽植方式，或是在外围种植采用行植，内部采用丛植、孤植等自然式（图 5-9*c*）。

5.3.3 绿化的栽植

高速公路绿化栽植，除了了解绿化植物品种、类型、性质、状态的基本因素外，还应进一步符合高速公路及其服务设施的绿化特点与环境要求的适应性。

1. 绿化植物的性质与状态

高速公路及其服务设施绿化植物有树木、花卉、草等。下面对相关绿化植物的性质、状态作一简介。

树形。树木依树形分为乔木、灌木、蔓生三种，决定树形和尺寸的主要因素有树高、树冠、树干及周长等。

色彩。部分树木的叶子，如山茶、樱树、枫树等都有鲜艳的颜色，一般花草也多有色彩的变化。树叶的颜色，一般常绿阔叶树是浓绿色，落叶树为翠绿色。而不同树种的树干，也会有不同的颜色，如梧桐为蓝绿、白桦呈红色、红松呈红褐色等。

香味。不少树种的树叶、花或果实有各种不同的芳香气味，有的树干也可能散发香味。

质地。树冠的质地构成要素有叶和花的形状，以及树冠大小，生长密度和生长状态等。如大叶的树木和高大建筑较协调，小叶树木适宜庭园、路边及分隔绿化。

季相。指的是树木、花卉从萌芽、展叶、开花、结果、叶红（叶黄）、落叶等现象，它与环境的季节变化密切相关。如入秋以后，万山红遍层林尽染的红枫，褐色的栎树，黄色的榉树，亮黄色的银杏树以及保持绿色的常青树，色彩丰富、季相鲜明、绚丽斑斓。由于植物的季相变化，可以使人们感受周围景观的变化与季节更换。

树势。树势指的是树木生长度，萌芽性与移植的难易。有的树木生长得快，有的树木生长慢。生长快的树到一定程度就要进行剪枝修整，萌芽性强的树木耐修剪。树木移植后的成活率是不同的，有些树木移植困难，一般春节发芽期前是移植的适当时期。

2. 高速公路的绿化方式

一般分为景观种植、功能种植两大类：

（1）景观种植

景观种植主要从绿化组景的角度进行种植或曲线配置。

1）依据道路线形的种植，如长直线整齐排列的栽植、列植，按一定间距排列成行而产生整齐的美感。有两种以上树种相互间种，间种的相互交替变化，或如乔木与灌木反复交替或高低排列，形态、树冠、色彩、枝叶的不同加强了空间的序列与韵律感。

2）景观栽植的基本形式，还有单植、对植、叠植、群植等方法（图 5–10）。

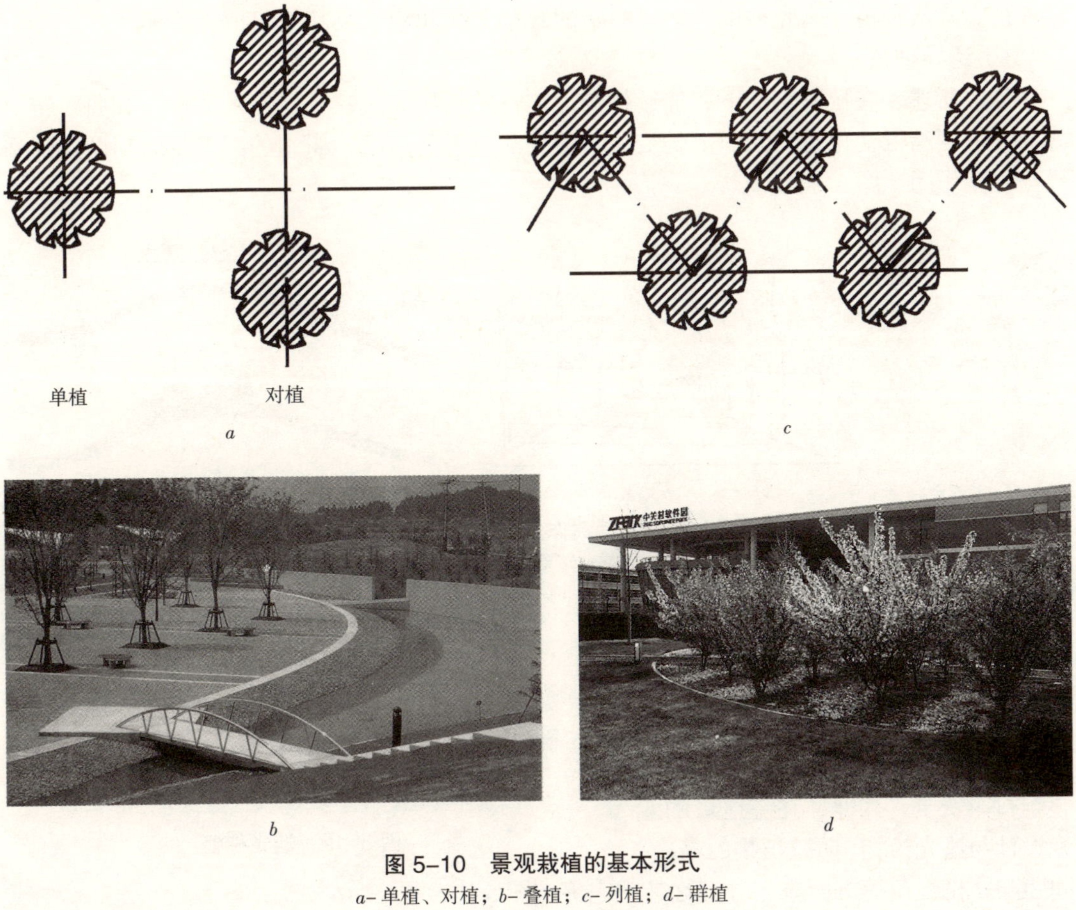

图 5–10 景观栽植的基本形式

a– 单植、对植；*b*– 叠植；*c*– 列植；*d*– 群植

单植。即在重要场所如庭院进口、广场中心等处，单独栽植一颗枝干茂盛，引人欣赏的整形树。

对植。即在轴线的左右，相对栽植同行、同种的一对树木，使其左右对称表现的秩序井然。

列植。将同形、同种的树木按一定的间隔排列种植。如间隔小，树木则密，甚至树冠相连有一定的间隔排列种植。如果其中有规律夹栽异形或异种树，则产生韵律感。

叠置。是相等的间隔内重叠栽种树木，这种方法可以增大树列厚度，如多排数的栽种可采用这种方法。

群植。则是集团式的种植，以形成树丛。

上述的各种整形种植方式，对道路绿化具有很高的实用价值。此外，对树种的配置与选择将在下节中详述。

在高速公路主线及服务设施中对有特色的树木进行保留、移植也是规划设计时应充分重视的问题。

绿化还应考虑季节问题，如能做到适应地区、季相变化，即四季常青、三季有花，春夏秋冬各有相宜的配置与景色。

（2）功能种植

在高速公路及其服务设施的绿化，为使达到各种功能的目的与作用，一般分为视线诱导种植、遮蔽种植、遮光种植、适应明暗的栽植、缓冲栽植及其他栽植等数种。

1）诱导种植

如前所述，在快速交通下，连续性与方向性的诱导表现在平面上的线形，如曲线转弯方向，坡度高低变化在纵断面上的变化，适当的位置和高度，树木的配置将起到良好的诱导与安全作用（图 5-11）。

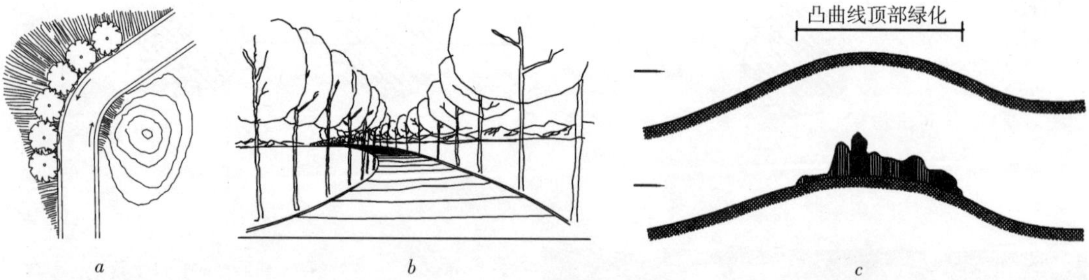

图 5-11 功能种植之一用植树作为垂直要素起着对视线的诱导作用

a- 在弯道外侧植树产生的视线诱导；*b*- 通过植树（垂直要素）就能预知前方线形；*c*- 在凸曲线顶部通过绿化对驾驶员的视线诱导

2）遮光种植

在高速道路上，白天阳光照射车身引起的反射，夜间对向行驶灯光引起的眩光，往往引起司机驾驶的困难，影响行车安全，因此，在隧道口的遮光设计与遮光植物、防眩植物的高度、间距与司机视角等方面应充分记忆考虑完善（图 5-12~ 图 5-14）。

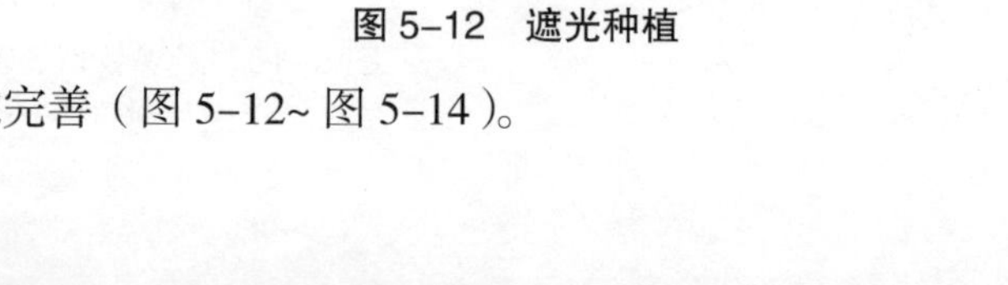

图 5-12 遮光种植

图 5-13 隧道口遮光设计示例

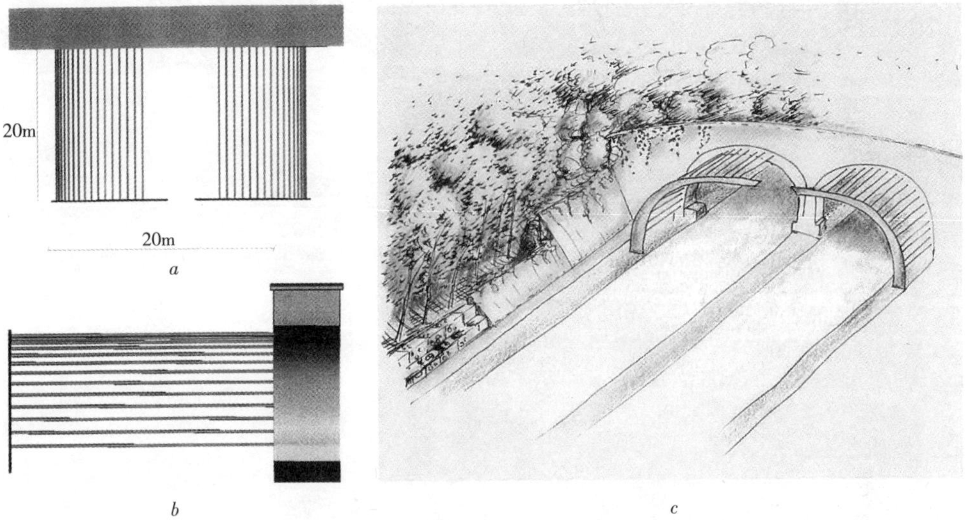

图 5-14 隧道口遮光种植及遮光架

a- 平面图；*b*- 剖面图；*c*- 鸟瞰图

3）适应明暗的变化

当车辆通过进出漫长的隧道时，明暗的急剧视觉环境变化，使眼睛难以瞬间适应，必须调整亮度渐变，缩短适应时间，如隧道口的遮光装置以及高大树木以阴影的疏密产生渐变的遮光效果，缩短适应时间

4）缓冲种植

目前路边防护设有路栅与防护墙，但往往发生冲突时，车体与司机均受到很大的损伤，如采用有弹性的，具有一定强度，同时种植又宽又厚的低树群时，可以起到缓冲的效果，以免车体和驾驶者受到大的损伤。

5）其他种植

高速路其他的种植形式，有为了防止危险禁止出入穿越的栽植，坡面防护的栽植，路边有碍景观的遮蔽种植，防噪声种植，为点缀路边风景的修景种植等形式（图 5-15）。

（3）绿化的位置

1）主线

在线路两侧边沟的外侧植树是高速公路常见的造景方式，也是改善道路环境的有效方法。在平原地区可改善由于地形与路线的单调感，加强线形特征，增加道路的方向性（图 5-16）。山区开挖道路的不同的断面形式，植物的种植有不同的布置方式（图 5-17）。

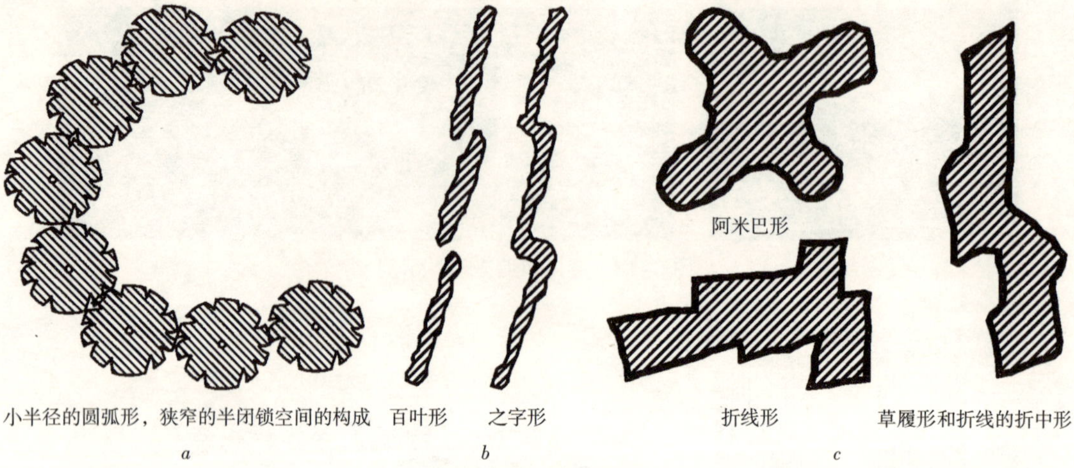

图 5-15 其他种植

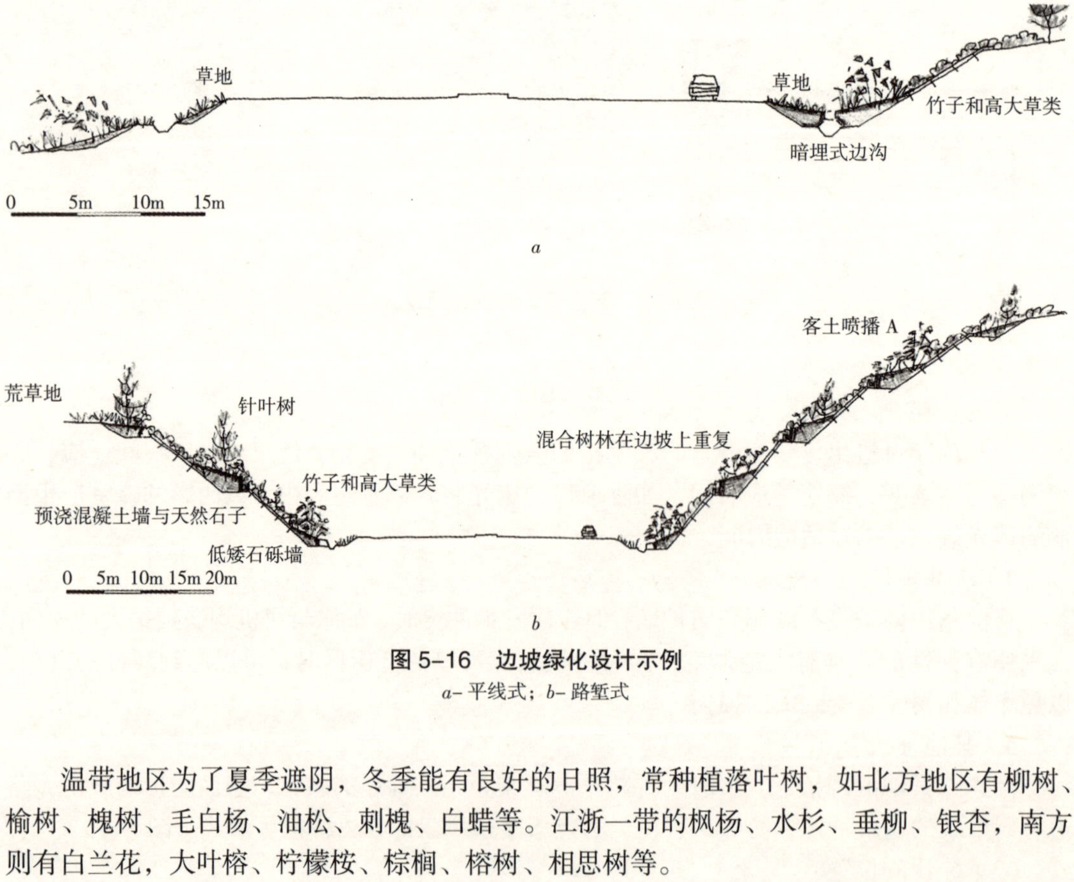

图 5-16 边坡绿化设计示例

a– 平线式；*b*– 路堑式

温带地区为了夏季遮阴，冬季能有良好的日照，常种植落叶树，如北方地区有柳树、榆树、槐树、毛白杨、油松、刺槐、白蜡等。江浙一带的枫杨、水杉、垂柳、银杏，南方则有白兰花，大叶榕、柠檬桉、棕榈、榕树、相思树等。

①中央分隔带绿化种植天堂 419 草、单排桧柏和大叶黄杨球通过绿篱的高低层次以遮挡往返车辆的视线干扰。

②沿线绿化带。第一排种植栾树，第二排种植金叶国槐，第三排（外侧）种植毛白杨，在互通立交场地内分别作景观设计。

2）匝道、边坡

路堑、路堤、边坡、护坡的绿化措施在确定不同的构造方法后进行如三维土网植草、浆砌片石拱形骨架或混凝土框格，进行植草绿化防护，路侧栽植行道树及低矮乔木，既利于水土保持、稳定路基又可美化路容吸收有害气体和烟雾，阻挡灰尘以及净化周边环境。

3）场区绿化设计

重视场区的景观设计，首先应把场区的景观设计纳入总体规划布局中，以生态“绿化”的理念，全局把握，整体思考，统筹安排。

场区景观存在的问题：

①停车场地划分不清，大片为硬质地面，夏日无绿荫覆盖，一览无遗，缺乏空间与景观的观赏性。

②不能充分利用基地自然及地形条件，大填大挖，人工斧凿，破坏了景观的自然性与原始性。

③基地形状及布局单一，建筑造型特色不足。建筑与景观应达到相互烘托，相得益彰，才能使人留下深刻记忆。

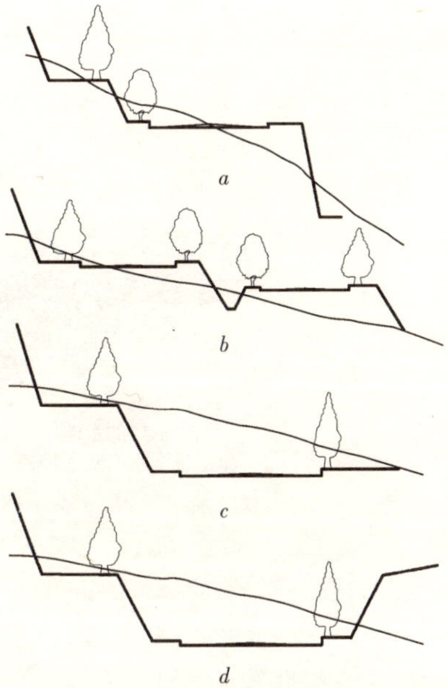

图 5-17 山区道路的断面与绿化布置

a- 半填半挖式；*b*- 台阶式的复式断面；*c*- 路槽式；*d*- 路堑式

④场区绿化布置

a、主线与场区之间用高大乔木作分隔带，可隔离主线上的噪声。

b、在中小型停车区可布置绿化隔离，以一定间隔布置树冠较大，遮阳效果较好的树木。

c、在大型停车区则宜在外围作隔离带，以免影响驾驶人员的视线。

总之绿化布置如同园林设计要求相似，能做到“俗则屏之，佳则收之”，达到“平视、俯视、远视”处处有景。

环境绿化、美化与保护环境是环境设计的两个方面，环境美化，除了充分利用各种自然绿化美化要素外，一切服务设施，包括交通、安全与管理设施及项目的设计同样需要赋予人们形式上的美感视觉的愉悦与享受。环境保护皆在减轻或杜绝对自然环境的维护，防止污染，以及地表、水灾、冰雪风沙等自然灾害的影响，为预防、减灾与免灾作出设防与措施。

4）互通立交

互通立交是高速公路集、散交通的进出口，是路网的立体节点。立体交叉通过跨线桥和匝道实现，大型互通式立交地段，线路交叉、叠加、盘旋在大地的自然景观中，并与人工景观的结合，成为时代的标志。因此互通立交范围内，在不影响视距的情况下，应重视与做好绿化与环境设计，这将有利于突出区域特色，赋予人们无尽的遐想与美感（图 5-18、图 5-19）。

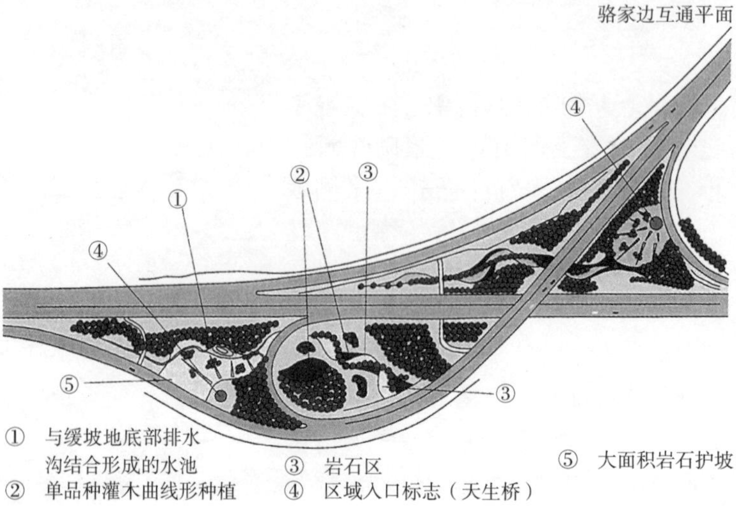

a

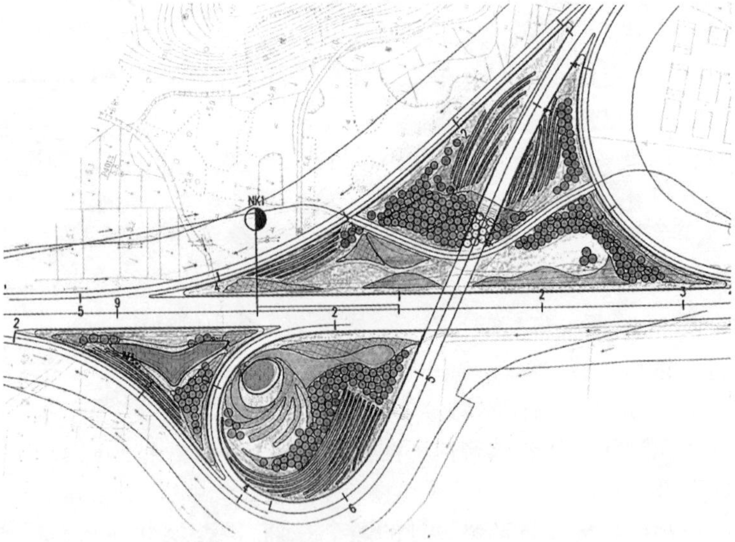

b

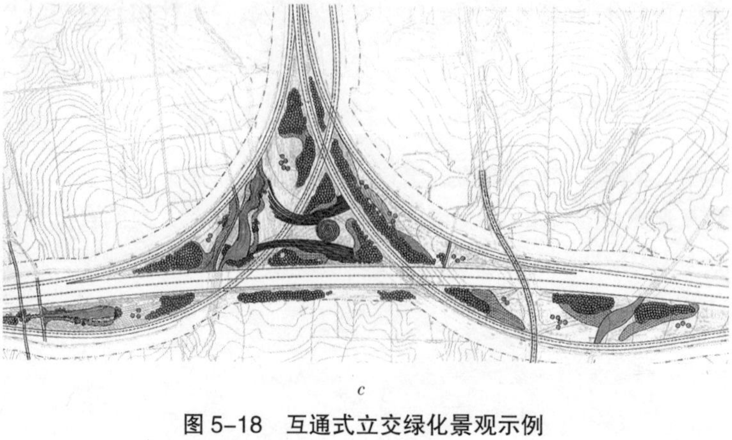

c

图 5–18 互通式立交绿化景观示例

5.3.4 树种配置与选择

植物配置通过造景艺术原理，形成疏林与密林、天际线与林缘线优美、植物群落搭配美观的园林植物景观。随着生态园林建设的深入和发展以及景观生态学、全球生态学等多学科的引入，植物造景同时还包含着生态上的景观、文化上的景观甚至更深更广的含义。

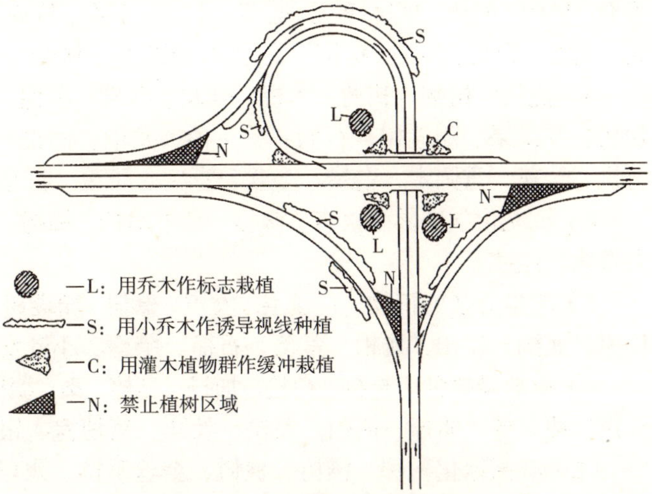

图 5-19 立交处的绿化种植示例

1. 园林植物的配置

一般有孤植、对植、列植、丛植、群植等几种方法，摘要分析如下：

1）孤植。是以树木独特的树冠、树龄、姿态显示其体态的优美而形成主景。应注意周边的路径、观赏距离、观赏环境、观赏点的位置等因素。

2）对植、列植。在对称式的总体环境（如对称式建筑、大门两侧）配置大致相等数量的树木以强化轴线的视觉效果。

3）群植、丛植。多种树种及花卉的结合，常作为节点的主景。在开阔地段可作为背景处理，在种植密度、层次分配、色调浓淡方面注意搭配；若作为背景，密度宜大，色调一般浓深，形成屏障衬托前景，对比显著。

此外要考虑注意并在漫长的文化进程中，不同植物所具备的特有的象征意义，如竹子象征人品清逸和气节高尚，松柏象征坚强和长寿，莲花象征洁净无瑕，兰花象征幽居隐士，玉兰、牡丹、桂花象征荣华富贵，石榴象征多子多孙，紫薇象征高官厚禄等。

在进行植物配置要考虑植物与其他景观要素的关系，要注意建筑、山石、水体、路径等要与植物取得整体上的协调，除了注意把握构成中的关系，更要重视形态上的呼应与对比，保持构思的一致性和手法与风格上的连贯性。

2. 植物配置比例

乔木、灌木数量比值一般为 1∶3；

常绿树种与落叶树种比值为 2∶3；

常绿树种中阔叶树种占 60%~70%，针叶树占 30%~40%；

草坪与地被植物数量比为 1∶1。

3. 对于特殊环境条件下的树种选择

（1）抗污染植物：

1）抗氟化物植物：国槐、泡桐、悬铃木、白皮松、侧柏、丁香、山植、紫穗槐、连翘、金银花、大叶黄杨、刺槐、紫薇、桑。

2）抗二氧化硫植物：刺槐、银杏、加杨、臭椿、美国白蜡、茶条槭、枫杨、梓树、榆树、垂柳、旱柳、架树、紫穗槐、野蔷薇、木槿、丁香、构树、柿树、连翘、山楂、紫薇、火炬树、大叶黄杨、合欢、乌柏、棕榈、蚊母树、珊瑚树、构骨、夹竹桃、女贞、桧柏、龙柏、广玉兰。

3）抗氯气植物。构树、木槿、合欢、柽柳、国槐、榆、臭椿、文冠果、紫荆、紫穗槐、加杨、罗汉果、珊瑚树、石楠、千头柏、龙柏、侧柏、广玉兰、蚊母树、女贞、海桐、夹竹桃、桂花、重阳木、白蜡、合欢、喜树、丁香、五角枫。

4）抗光化学烟雾。银杏、柳杉、日本扁柏、樟树、悬铃木、美国鹅掌楸、冬青、海桐、夹竹桃、连翘。

5）滞尘力强的植物。广玉兰、女贞、榆树、珊瑚树、棕榈、杨树、臭椿、悬铃木、刺槐、朴树、泡桐、桧柏、龙柏、紫薇、石榴、腊梅、小叶女贞。

6）耐盐碱树种。柽柳、白榆、加杨、臭椿、桑、糠树、刺槐、旱柳、国槐、白蜡、乌柏、合欢、钻天杨、胡杨、侧柏、黑松、杜梨、紫穗槐、银杏、桦树、黄连木、杜仲。

（2）滨河绿化树种。杨树、枫树、金丝垂柳、水杉、构树、刺槐、木槿、旱柳、落羽杉、雪松、碧桃、紫叶李、棕桐、枫香、桑、迎春、连翘。

（3）水生植物。荷花、睡莲、石营蒲、水生鸢尾、水葱、凤眼莲、千屈菜、萍蓬草。

（4）防风固沙植物。加杨、意杨、旱柳、垂柳、柽柳、榆、国槐、刺槐、桑、白蜡、紫穗槐、圆柏、乌柏。

（5）防火树种。珊瑚树、海桐、蚊母、女贞、构骨、大叶黄杨、夹竹桃、银杏、臭椿、朴树、刺楸、棕榈。

服务区的景观相对其他地段要求高。选择植物时优先考虑当地乡土特色植物，较好的体现地方特色。

可以选择果树，春华秋实、季节变化明显。但一般偏重常绿阔叶树和花卉种类，将乔、灌、花、草有机地结合在一起，并利用植物枝条颜色和花色进行搭配，构成丰富多彩的四季景观。

服务区与外界的隔离应采用自然的“软性隔离”，即用矮墙和栅栏，内侧种植乔木灌木，可选择刺槐等带刺植物，一般不采用生硬的高墙。

5.4 场区竖向设计

竖向设计是场地总体布局的一个重要组成部分，关系到场地的安全稳定，也直接影响到空间的组成。竖向设计一般是在总体布局之后进行的。不论平坦场地或坡地场地，都必须给出建、构筑物的设计标高，进行场地排雨水设计，使建筑与地形密切配合，以便创造出优秀的场地规划布局和建筑设计。当然，在坡地场地设计中，因地形、地质较复杂，支挡构筑物和排水构筑物多，竖向设计不仅难度较大，而且关系到方案的可行性与场地开拓的经济性，所以，竖向设计的重要性更为突出。

5.4.1 竖向设计概述

1. 竖向设计概念

竖向设计（或称垂直设计、竖向布置）是对基地的自然地形及建、构筑物进行垂直方向的高程（标高）设计；既要满足使用要求，又要满足经济、安全和景观等方面要求。

2. 竖向设计的基本任务

竖向设计的基本任务是利用和改造建设用地的原有地形，具体包括以下几方面：

（1）选择场地的竖向布置形式，进行场地地面的竖向设计，如场地脊线、谷线的选择（图 5-20）。

（2）确定建筑物室内外地坪标高，构筑物关键部位（如地下建筑的顶板）的标高，广场和活动场地的设计标高，场地内道路标高和坡度。

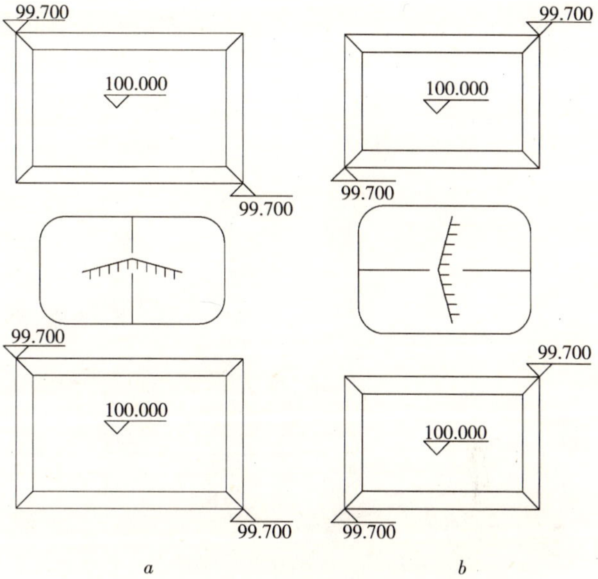

图 5-20 脊线、谷线表示方法（单位：m）

a- 脊线；*b*- 谷线

（3）组织地面排水系统，保证地面排水通畅，不积水。

（4）安排场地的土方工程，计算土石方填、挖方量，使土方总量最小，填、挖方接近平衡，未平衡时选定取土或弃土地点。

（5）进行有关工程构筑物（挡土墙、边坡）与排水构筑物（排水沟、排洪沟、截洪沟等）的具体设计。

3. 服务区竖向设计的原则（图 5-21）

1）满足建筑物和构筑物的功能布置要求

要按照建、构筑物使用功能要求，合理安排其位置，使建、构筑物间交通联系方便、简捷、通畅，并满足消防要求，符合景观环境及生态环境要求。

2）充分利用自然地形

充分利用自然地形，对地形的改造要因地制宜，因势利导。改造地形时，应考虑建筑物的布置及空间效果，减少土石方工程量和各种工程构筑物的工程量，并力求填、挖方就近平衡，运距最短，从而降低工程造价。设计上应采取措施，避免造成水土流失，尽可能保护场地原有的生态条件和原有的风貌，体现不同场地的个性与特色。

3）考虑满足场区内各种车型对道路坡度的不同需要指标，确定各项技术规程、规范要求，满足行人和车辆的良好使用，同时保证工程建设与使用期间的稳定和安全。

4）解决场地排水问题

建设场地应有完整、有效的雨水排水系统，重力自流管线尽量满足自然排放要求，保证场地雨水能顺利排除，且与主线边沟的排水设施等标高相适应。当进行坡地场地、滨水场地设计时，应特别考虑防洪、排洪问题，以保证场地不受洪水淹没。

5）满足工程建设与使用的地质、水文等要求

竖向设计要以安全为原则，充分考虑地形、地质和水文的影响，避免不良地质构造的

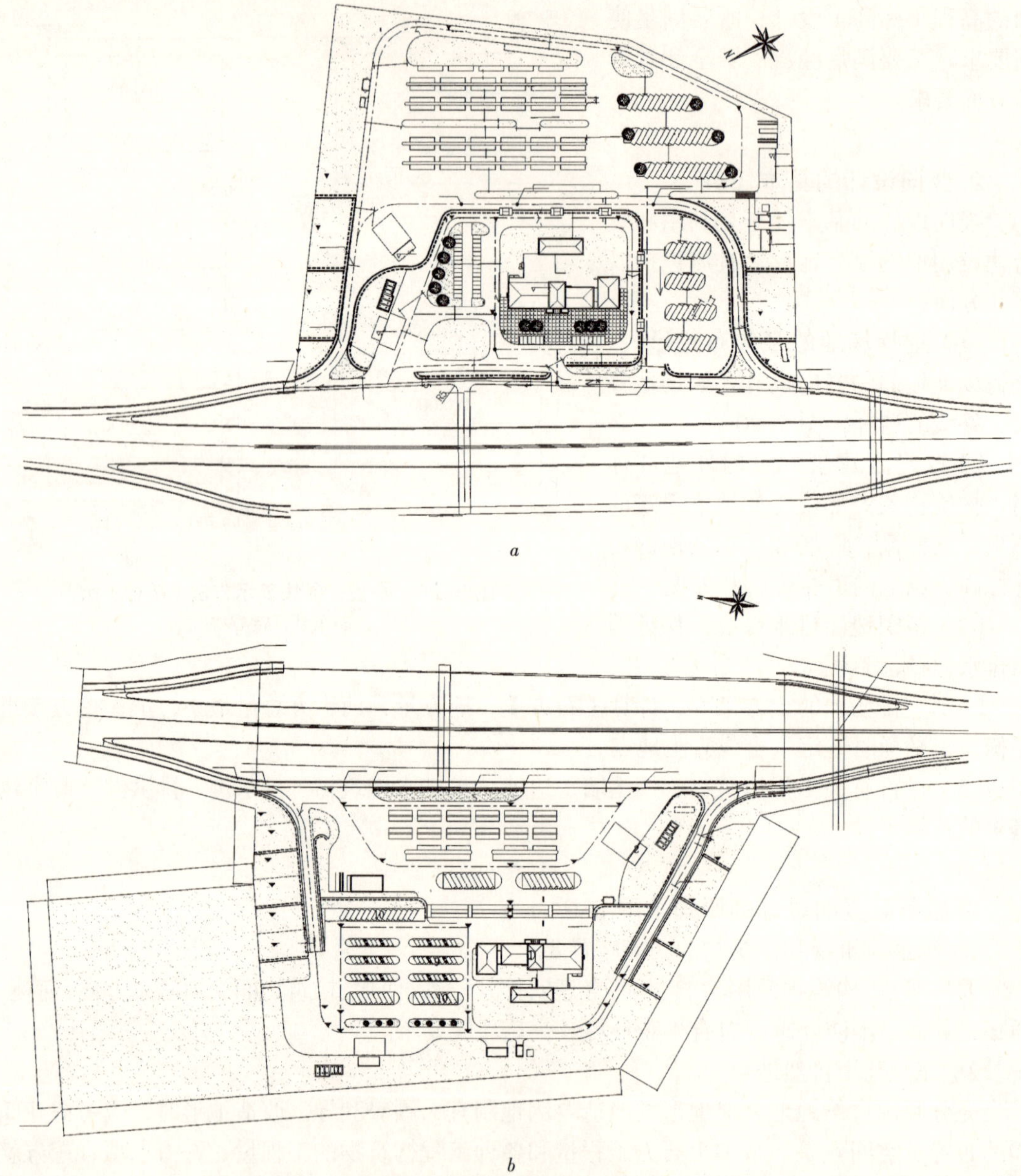

a

b

图 5-21 郑州服务区场地设计

a- 东侧总平面布置；*b*- 西侧场区定位图

不利影响，采取适当的防治措施。对挖方地段应防止造成产生滑坡、塌方和地下水位上升等恶化工程地质的后果。

5.4.2 场区竖向设计

1. 竖向设计应有的基础资料

设计人员通过业主提供，调研、查证或主线设计实测提供等方法收集以下有关基础资料：

（1）现状地形图

1∶500 或 1∶1000 建设场地现状地形图。在考虑场地防洪时，为统计径流汇水面积，需要 1∶2000、1∶10000 的地形图。

（2）总平面布置图及道路布置图

必须准确地掌握场地内建、构筑物的总平面布置图及主线边沟布置图；当有单独的场地道路时，该道路的平面图、横断面图及纵断面等设计条件也必须掌握。

（3）地质条件和水文资料

了解建设场地土壤与岩石层的分布、地质构造和标高等；不良地质现象的位置、范围，对场地影响的程度；场地所在地区的暴雨强度、场地所在地洪水位及防洪、排涝状况、洪水淹没范围。

（4）地下管线的情况

了解各种地下管线，包括给水、污水、雨水、电力等的埋设深度、走向及范围，场地接入点的方向、位置、标高，重力管线的坡度限制与坡向等。

（5）填土土源和弃土地点

不在场地内部进行挖、填土方量平衡的场地，填土量大的要确定取土土源，挖土量大的应寻找余土的弃土地点。

2. 场区竖向设计步骤

建设场地的地形有时候不需要进行平整，就能够满足使用要求，如河南豫东大多数服务区的平坦场地；有时候需要进行平整，经过地形设计后才便于使用，如位于豫南和豫西大多数坡地场地中的基地。相应的竖向设计步骤有显著的不同。

（1）不进行场地平整时

对于不进行场地平整的基地，竖向设计的一般步骤是：

1）确定道路及室外设施的竖向设计

道路及室外设施（如室外活动场地、广场、停车场、绿地等）的竖向设计，按地形、排水及交通要求，定出主要控制点（交叉点、转折点、变坡点）的设计标高，并应与四周道路高程相衔接。根据技术规定和规范的要求，确定道路合理的坡度与坡长。

2）确定建筑物室内、室外设计标高（图 5–22、图 5–23）。

根据地形的竖向处理方案和建筑的使用、经济、排水、防洪、美观等要求，合理考虑建筑、道路及室外场地之间的高差关系，具体确定建筑物的室内地坪标高及室外设计标高等（图 5–24）。

3）确定场地排雨水

首先根据建筑群布置及场地内排水组织的要求，确定排水方向，划分排水分区，定出地面排水的组织计划，应保证场地雨水不得向周围场地排泄，即将场地的雨水有组织的排放。正确处理设计地面与散水坡、道路、排水沟等高程控制点的关系，对于场地内的排水沟，也需要进行结构选型（图 5–25）。

（2）进行场地平整时

对于要进行场地平整的场地，在开展上述三项竖向设计内容之前，一般先要进行以下步骤：

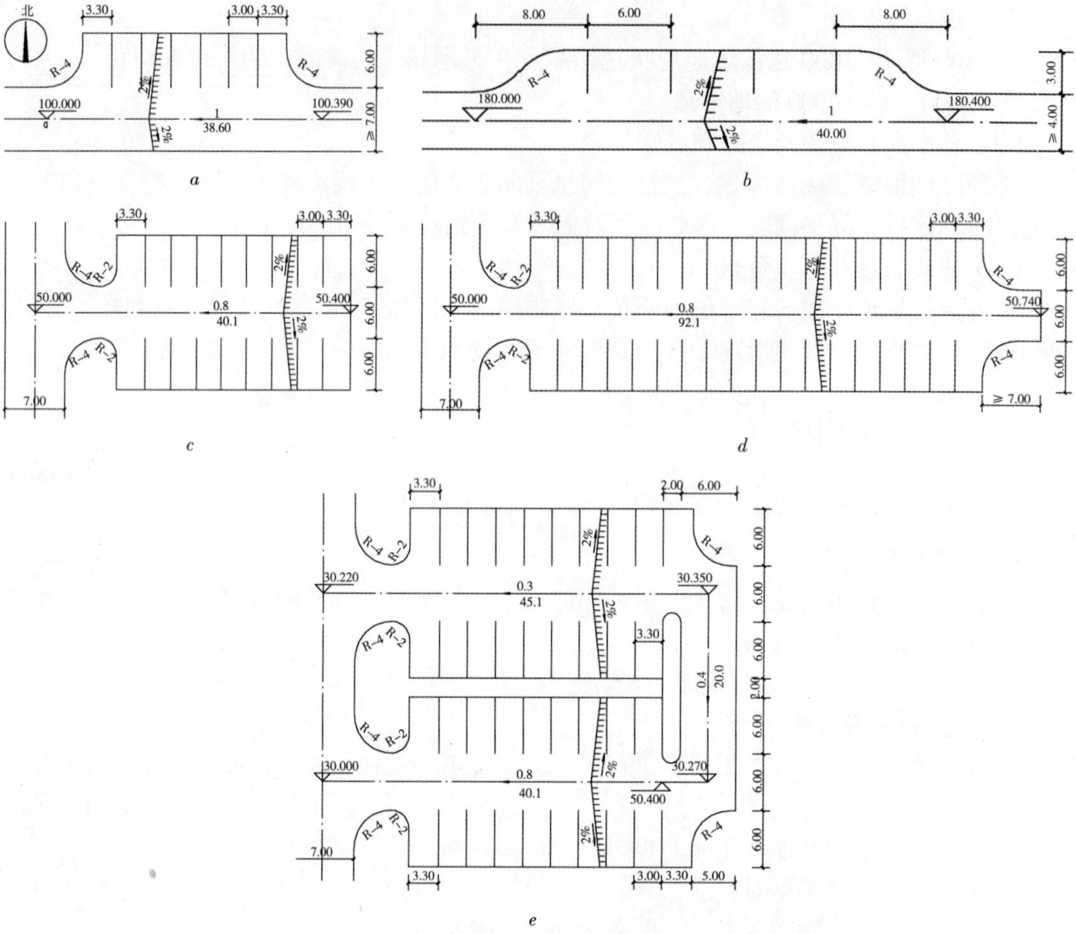

图 5-22 停车场设计标高确定（长度单位：m，坡度单位：%）

a- 路边停车场（垂直式停车）；*b*- 路边停车场（平行式停车）；*c*- 袋形停车场（车位数较少时）；*d*- 袋形停车场（车位数较多时）；*e*- 多车道停车场

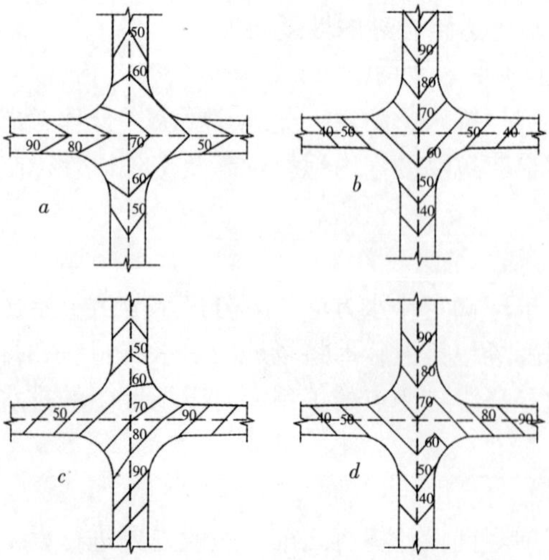

图 5-23 直交路口的竖向设计

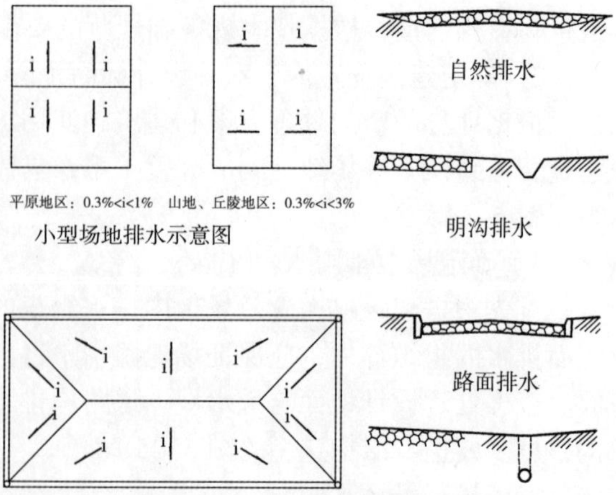

图 5-24 场区竖向设计

1）确定地形的竖向处理方案。根据场地内建、构筑物布置、排水及交通组织的要求，具体考虑地形的竖向处理，并明确表达出设计地面的情况。设计地面应尽可能接近自然地面，以减少土方量；其坡向要求能迅速排除地面雨水；选择设计地面与自然地面的衔接形式，保证场地内外地面衔接处的安全和稳定。在山谷地段开发建设时，如果设置了排洪沟，需进行相应的平面布置、竖向布置和结构设计。

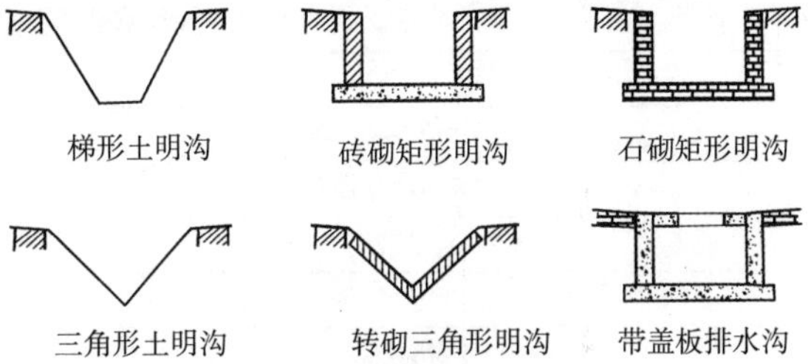

图 5–25 排水沟作法

2）计算土方量。针对具体的竖向处理方案，计算土方量。若土方量过大，或填、挖方不平衡而土源或弃土困难，或超过技术经济要求时，则调整设计地面标高，使土方量接近平衡。

3）进行支挡构筑物的竖向设计。对于支挡构筑物包括边坡、挡土墙和台阶等，需进行平面布置和竖向设计。为防止坡面形成的“山洪”对建筑物冲刷，应进行截洪沟设计，以确定场地的稳定和安全。

5.4.3 场地排雨水

场地内的雨水排除是场地设计的主要内容之一，竖向设计要有利于排雨水，保证场地不积水。为使场地雨水尽快排除，常建立人工排水系统。

1. 人工排水系统

1）地表雨水排除方式

对于雨量小的地区，当土壤渗水性强，且场地面积较小时，可采用自然排水方式，不需任何排水设施；当场地面积大，地形平坦，建筑密度较高且场地道路为城市型时，可采用暗管排水方式；当使用暗管排水方式不经济或有困难时，可以采用明沟排水方式。

2）场地排水坡度

为了方便排水，一般地段都要有一定的坡度。各种场地排水的适用坡度（表 5–2）。各种土壤适宜的排水坡度（表 5–3）。

地面排水坡度 **表 5–2**

地面种类	排水坡度（%）
粘土	大于 0.3，小于 5
砂土	不大于 3
轻度冲刷细沙	不大于 1
湿陷性黄土	建筑物周围 6m 范围内不小于 2，6m 以外不小于 0.5
膨胀土	建筑物周围 2.5m 范围内，不宜小于 2

各种场地的适用坡度 表 5-3

内容名称	适用坡度（%）
密实性地面和广场	0.3~3.0
广场兼停车场	0.2~0.5
儿童游戏场	0.3~2.5
运动场	0.2~0.5
杂用场地	0.3~2.9
绿地	0.5~1.0
湿陷性黄土地面	0.5~7.0

广场、停车场的排水方式应根据地面铺装种类、场地面积和地形的坡向、相邻道路的排水设施等因素确定采用单向或多向排水。当广场、停车场单向尺寸大于或等于 150m，或地面纵坡度大于或等于 2% 且单向尺寸大于或等于 100m 时，宜采用划区分散排水方式。当广场、停车场周围的地形较高时，应设截流设施。

3）场地排水方案

地形分析法中的排水分析，是对场地自然地表雨水的流向及出口的分析。场地竖向布置设计了整平面之后，按不同整平面的方向，根据建筑群布置、道路布置、地形特点和设计标高，及场地内排水组织的要求，划分雨水排水分区，确定各部分的地表排水方向，在适当位置布置场地的排水设施。

2. 建筑物标高和道路标高的协调关系

（1）建筑物与道路的一般关系

场地雨水一般通过道路两侧的地下管线排除，当建筑物与道路相邻时，为使雨水从建筑物散水坡脚自流到道路路面上，道路中心线一般比建筑物室外地坪标高低 0.25~0.30m，服务区作为广场和停车场的综合体其坡度不能小于 0.3%。

（2）建筑物低于道路时

有时，道路因纵坡要求比相邻的地面高，建筑物周围的雨水，不能流到道路的路面上，为保证建筑物屋面、地面雨水排放，可在散水外设置低于建筑物地面的明沟或暗沟。另外对于服务区改扩建中，一些服务区场地的扩大，造成新老路面存在坡度交接，以及新路面会高于服务区主楼室内标高，这时就要综合考虑使用排水沟，采用组合坡或在一个场地中做两条排水基线。以方便有效地及时排水，如安阳服务区竖向排水设计。

（3）广场和停车场

为防止广场和停车场地面积水，保证使用方便，地面应设必要的坡度及雨水口。《城市道路设计规范》（CJJ 37—1980）规定：广场设计坡度，平原地区应小于或等于 1%，最小取 0.3%；丘陵和山区应小于或等于 3%。地形困难时，可建成阶梯式广场。与广场相连的道路纵坡以 0.5%~2% 为宜。广场兼做停车场时，停车场内的坡度不宜过大，以防溜车。停车场最小坡度与广场要求相同，与通道平行方向的最大纵坡为 1%，与通道垂直方向为 3%。

广场、停车场的排水方式应根据地面铺装种类、场地面积和地形的坡向、相邻道路的排水设施等因素确定采用单向或多向排水。当广场、停车场单向尺寸大于或等于

150m，或地面纵坡度大于或等于 2% 且单向尺寸大于或等于 100m 时，宜采用划区分散排水方式。当广场、停车场周围的地形较高时，应设截流设施。由于服务区场区的特殊性，道路和停车场基本上可用同一材质铺地，故将其设置一个坡度这样有利于施工和停车。

在确定服务区停车场的设计标高时，首先，确定主楼的室内标高和场区匝道的标高和边沟排水方向，当地形坡度大需要采用较大坡度值时，只能够采用规范规定的最大值；当地形坡度不大时，根据地形实际坡度大小确定平行通道方向和垂直通道方向的坡度值。然后，找出停车场最里面与匝道端的变坡点，根据已知点标高、已知的水平长度和选择的平行通道方向的坡度（即停车场的纵坡），推算另一点的设计标高。最后，将停车场的纵坡、坡向和坡长以坡度标的形式表示在图中道路中心线的适当位置上。

另外要考虑加油站的影响，加油站因为其自身的特殊性，其位置也一定要保证其标高在其附近是最高，防止雨水流向加油站。为此在做场区排水设计时就要注意，将加油站附近做特殊考虑，如鹤壁服务区加油站附近我们将其做个反坡。以保证雨水不流向加油站。

（4）绿地

对于建筑物之间的绿地，其坡度设置要保证雨水不能流向建筑物散水处（有明沟除外）。除自身土壤在降雨时可吸收部分雨水外，在大雨或连续阴雨时，绿地内势必也有部分雨水须排除，排除方法视建筑物周围道路及绿地规模确定。当建筑物周围有道路或沿长边有道路时，绿地的坡度只要坡向道路即可。当建筑物间绿地面积大时，可将绿地做成中间高两边低，或中间低两侧高的形式。通常，中部较高部分称为脊线，而中部较低部分称为谷线，为排除谷线内汇集的雨水，应在中间低处设置雨水口，再汇集到暗管排出。

对于自然式草坪，自然起伏的坡度大小应有利于机械修剪和排水，不能坑洼不平，为有利于人们活动和草皮的生长，坡度不宜超过 10%（局部地区除外）为宜，一般允许有 3%~5% 左右的自然坡度，或埋设暗管，以利排水。

（5）常见的排水设施布置

高速公路服务区场地地表雨水汇集在积水处，经排水设施流入地下管道内，进入场地内的蒸发池、集水池或高速公路边沟等。场地内常见的排水设施有雨水口和排水沟。

按进水方式分类，雨水口（也称雨水箅子）有立箅式、平箅式、联合式或横向雨箅等形式（图 5-26）。

一个雨水口的汇水面积约 2500~5000m^2，多雨地区采用小值，少雨地区采用大值，由给排水专业进行雨水口的布置与选型。场地排雨水设计时仅确定雨水口的分布位置和标高。雨水口通常布置在道路、停车场、广场和绿地的积水处。

根据道路纵坡坡向可以判断道路路面上积水点位置，如变坡点相邻的坡向箭头相对，该变坡点对应的路边即为积水点，应在该点路面上布置雨水口；而变坡点相邻的坡向箭头相离，该变坡点对应的路边则为分水点，不需布置雨水口。当道路横断面设计为双坡时，雨水口一般成对布置；当道路横断面设计为单坡时，雨水口仅设在路面较低的一侧。当直线路段长度较长时，应根据纵坡坡度值规定确定道路直线段雨水口分布间距（表 5-4）。

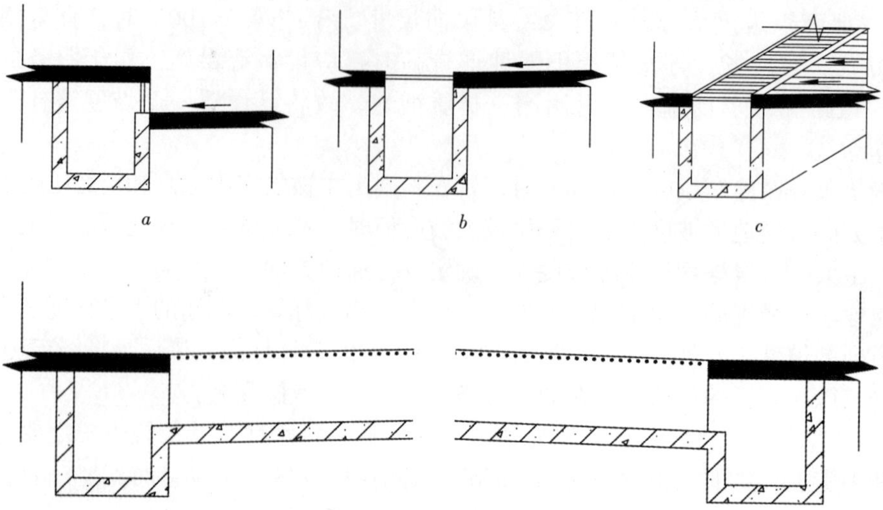

图 5-26 雨水口布置方式

a- 侧向排水；*b*- 平面排水；*c*- 通长地沟排水；*d*- 横向地沟排水

雨水口分布间距 **表 5-4**

道路纵坡（%）	≤ 0.3	0.3~0.4	0.4~0.5	0.5~0.6	0.6~2
雨水口间距（m）	20~30	30~40	40~50	50~60	60~70

注：雨水口顶标高要低于地面或路面 3cm，并使周围路面坡向雨水口。

由于高速公路服务区地形条件不同，道路交叉口的坡度和道路与绿化有不同的组合方式，应根据各条道路的坡向来判断积水情况。坡向两两相对有积水点，位于道路交叉口曲线中点；坡向两两相离或坡向一致往往没有积水点。雨水口的位置和数量由交叉口的积水点确定。

高速公路服务区场地其他地段（如绿地）如有积水处，也要设置雨水口。

当服务区场地内的雨水口数量较多时，可以对雨水口进行编号，根据道路路面、广场或停车场的地面标高，逐一确定其箅顶标高。

停车场的竖向设计主要解决停车场、道路、旅客活动地带等在竖向空间的衔接问题以及标高、坡度、坡向、排水等问题，设计具体要求如下：

停车广场力求平坦，场地的分水线和汇水线应平行主要交通流向设置；

停车场竖向设计应结合地形特点考虑迅速排除地面积水的措施，为了防止广场积水，地面坡度不应小于 0.3%；

停车场四周控制点的标高可参照服务区干道路面标高确定，使整个广场挖填土方大致平衡。从不少服务区的场区布局调查中，停车区大都是光板一块，仅仅作了划分地面停车线，极少通过绿化栽植以及乔木种植使场地得到一定的夏日覆盖，得到遮阴与美化，达到改善微小气候的目的。

5.5 高速公路的服务设施

5.5.1 安全设施

高速公路沿线设有护栏、防眩板、防撞垫、隔离墩、隔离栅、标志、视线导标、声屏障、轮廓标、标线、突起路标等安全设施（图 5-27）。

a *b*

图 5-27 安全设施

a- 场地路障；*b*- 隧道入口分防带

充斥在高速公路两边林立的广告牌其数量之多，往往掩盖了主要的安全标志，对驾驶人员的视线产生干扰，并易引发事故，这不得不引起管理部门的重视和调整。

冬季时节在寒冷地区，地下热量可使公路保持地温而不结冰，但在桥面或架空路段缺少地温，积水、积雪溶化不易排除而迅速结冰，路桥前方未设警示标志，司机稍一疏忽，极易导致车辆倒滑，产生了事故的频发率。又如白天进入隧道，曲折的山道长长的下坡，提前告示你打开车灯，注意降速，试验刹车，做好准备等，降低了事故的频发率。此外，我国幅员辽阔，高速公路穿越气象、地质的复杂多变，不同地段，安全警示标志同样的显得非常重要。因此，驾驶人员对标志的安全感、依赖感的重要性就不言而喻。

高速公路的硬件设施交通的便捷已今非昔比，而软件设施，尤其是安全标志性设施越发重要，也更能体现当今“以人为本”人性化设计理念。

5.5.2 交通管理设施

交通管理设施是作为交通管理理念的直接的表现手段和形式。交通设施主要是从路径和速度上对交通流进行管理和调节，确保道路交通的安全畅通。高速公路服务区进行交通管理设施的主要技术措施有标志、标线和一些隔离设施。

交通标志和标线是通过无声而有形的语言，为服务区使用者提供清晰明确、直观易懂的行进、停放和指路的信息，从而使进入服务区内的车辆能够行驶安全顺畅、停放整齐有序、进入功能区流线便捷。

标志根据颜色、图案及其形状，有不同的意义。服务区使用的标志主要有禁令标志、指示标志、指路标志和其他标志。标线的设置应根据场区道路的设计、交通组织和其他设施情况，合理的利用道路有效面积，设置标线。有一些危险地段，我们可以通过限速、增加一些隔离设施、防撞桶等来降低危险系数，保障车辆的安全。

1. 标识与标线（图 5–28）

a

b

c

图 5–28 标志设计

a– 标识与护栏；*b*– 指示牌；*c*– 引导标识

交通标志，是司乘人员认知的向导，其特征应该具有独特性与唯一性。它通过图形与文字清晰地表现起到警示、导航的作用。标识具有显明的图底关系，既便于辨认与记忆，又具统一的形象、字体、色彩等符号系统所要表达的内容。

高速公路上的各种标志与标线，具有传达信息与分类，提供引导、警示与安全保障，它包括指示标志，警告标志，指路标志，通行路线标志等等，如路牌、道路指向、问讯导游指示、交通标识、指示牌、招牌、场地行车标线等。标线起到分隔交通，划分车道、人行横道、停车带、导流带等作用。标线按功能可分为指示标线、车行道边缘线、人行横道线、分合流渠化线和停车位标线等。

2. 标志设计要点

（1）标志通过合适尺度的标牌以文字、图示、符号予以表达，文字应规范正确，字体搭配恰当、直观、清晰。

（2）图示符号、广告标志具有一定的识别性、通用性，既有约定俗定的一面，又有规范约束性的一面。

（3）按照车速视距、位置确定图幅尺寸、色彩的图底关系，以及设置方式。

（4）标志的设置方式，以立柱、竖牌、悬肩、门架等多种方式。

（5）标志的形状宜简洁，色彩对比鲜明，给予人们视觉的明晰与美感。它作为环境设计的基本组成部分，提高其设计质量与管理控制，并在服务区的不同地段、位置建立起环境之间的相互协调与统一。

5.6　景观小品

小品，一般是指在城市、景观园林中起着点缀、陪衬、补强、点白等多种作用的小型构件、构筑物、建筑。在服务区、管理区的环境设计中，同样为司乘及工作人员提供休闲、户外活动、野餐、观景等多种功能的需要。虽然有时并不起眼，但又不可忽视它的功能特点（如雨棚、休息椅、指示牌、垃圾桶等），在景观中小品不仅丰富场区空间，强化景点，更因其体量小巧、构筑精致、造型别致、不拘一格而起到点睛的作用（图 5-29~图 5-38）。

景观小品的创作如能做到取其特色，融合环境，景到随机，顺其自然、巧思精构，安插合宜，则将为园林锦上添花，提升品位。

5.6.1　小品类型

景观小品的种类很多，包括坐凳，花架，雕塑，台阶，花池，矮墙、健身器材等。坐凳是景观中最基本的设施，布置坐凳要仔细推敲，一般来说在空间里要亲切宜人，具有良好的视觉效果。

其他如服务设施及景观构筑物，包括地面铺地检查井盖、灯柱、树池、垃圾筒等必要设施，这些被过去人们疏忽了的细节对景观整体的艺术性有一定的影响。随着经验不断积累和认识的提高，人们逐渐意识到景观细部的重要性。例如利用不同材质、色彩的铺地，划分不同的空间以区别其使用特点与要求，检查井盖、树池的处理，对它的材料、细部及

a

b

c

d

e

f

g

h

图 5-29 室外座椅

a *b* *c*

图 5-30 路径及铺地

a *b* *c*

d *e* *f*

图 5-31 雕塑

a *b* *c*

图 5-32 饮水池

a

b

c

d

图 5-33 垃圾箱

a

b

图 5-34 树池

a

b

图 5-35 休息廊棚

a

b

图 5-36 水景

a

b

图 5-37 景灯

a

b

图 5-38 灯柱

色彩加以研究修饰，恰当地运用到景观设计中，与整体风格进行有机结合，形成了别具一格的景观。

5.6.2 小品设计要点

（1）布置得体。在服务区中小品类型的选择与布置首先立足于功能的需要，顺其自然、恰到好处，看似不经意，却着意推敲，不落俗套，可谓佳作。

（2）空间层次。服务区除内部空间外，形成的外部空间（广场空间）以及介于两者之间的过渡空间，通过景观小品构筑与其联系，巧其点缀，使之相互依存，相得益彰，成为内外渗透，屋中有园，外中有内，层次丰富，情趣怏然，难以忘怀。

（3）立其创意。景观小品的创意如同前述，建筑造型的构思，具有一定的共性，因其“小”更显“精巧”，类型众多，切忌杂陈，防止堆砌，通常有“七分主人，三分匠”之说，即设计者应具创意性的构思，别出心裁，不拘一格，既有个性又能融合环境。

5.7 高速公路的照明设施

照明设施的位置：在接近城市的路段，如收费天棚，通向重要城市路段，立交地段，以及服务区、停车区等，它是道路带状环境、场地环境的组成部分。

1. 照明的作用

（1）夜间照明可为道路、场区提供必要的照明，为用路者提供与补充道路的信息，如道路的线形构造、路面的状况、障碍物。

（2）对驾驶者行车视线的引导，如照明的设计灯杆与线型一致的导向，看清道路的轮廓与边缘，增加行车的安全性以及前方的线型与纵坡的起伏程度等。

（3）为夜间服务及行驶，良好的照明，不仅提供了安全性与舒适性，同时为服务区、停车区、收费站等重要地段创造了优美的夜景。

2. 照明的设计（图 5–39）

高速公路及其服务设施的夜间照明设计应考虑照明方式、灯杆、灯具高度、位置、间距等的选择以及光源的类型、功率、照明器的安装角度等因素。此外，还涉及照明的质量，如路面的平均亮度、均匀度，以及防眩、视线诱导性等方面。

（1）照明的方式。一般采用普通灯杆照明，杆高在 8~10m，灯高在 15m 以下，其间距 30~50m，灯高增加可减少眩光，增加舒适感，但灯高其照明度则降低，需增加亮度，提高了电能消耗，在道路立交处，灯杆在 15~40m，有大功率光源，扩大的照射范围以及照明的均匀度，较好地显示了立交广场的壮观夜景，显示了地段的识别性。

图 5–39 太阳能广场照明灯及高杆灯

服务区等场地照明除上述相关照明措施外，还对建筑、绿地等应统一设计，以使在位置、灯具、光色等得以协调。

（2）灯柱及灯具。照明灯柱的布置可分为一侧、两侧或中央分隔带几种，灯柱、灯柱的造型在高速公路上飞驰而过，造型轻盈、线条简洁，灯具轮廓、造型以现代装饰性为宜。

照明灯具的光色、显色性可以表示不同场合的气氛，光色是灯的表现色，因此，照明色彩的选择、搭配、色调等尤其在高架交叉路段更应充分注意。

显色性是受灯的光谱能量分布决定的，显色性不仅区别道路各种物体与背景区的分离，产生图底关系，而且不同色调，暖色、中性、冷色调均会对视觉环境，产生不同的感受，如高压钠灯为橙白色，低压钠灯为橙黄色，高压汞灯为白色。

（3）几种主要灯具的性能及优点如下：

高杆灯。杆高 30m，光源采用高压钠灯，投射范围为 45m 左右，适用于大面积广场照明，为了避免车辆冲撞，灯具位于广场周边绿化带内，采用 1000W 高压钠灯单向投射，避免光浪费及光污染，提高光线利用率。

灯具优点：大功率，高能效，使用广泛，技术可靠，使用寿命适中。

庭院灯。杆高 4.5m，光源采用高频无极灯 100W，杆距 15m，设置于服务区综合楼周围。

灯具优点：节能，显色性好，能快速启动，无频闪，使用寿命长，光源色温可选，可宽电压工作，绿色环保。

路灯。杆高 7m，光源采用高频无极灯 135W，杆距 24m，主要设置于服务区 U 形道路靠围墙侧。

灯具优点：节能，显色性好，能快速启动，无频闪，使用寿命长，光源色温可选，可宽电压工作，绿色环保。

太阳能 LED 草坪灯。杆高 0.5m，光源采用大功率 LED 灯，额定功率 3W，杆距 10m，主要设置于服务区综合楼前绿化带内。

灯具优点：节能，体积小，工作电流是直流，且工作电压较低，可与太阳能系统直接配套，无需额外的逆变、转换过程，使用寿命长，绿色环保。

实　　录

外景 1

外景 2

商城服务区

建造日期：2005 年
建筑面积：北侧：2480.91m²
　　　　　南侧：1688.27m²

位于安徽通向河南的沪陕线，叶（叶集）信（信阳）段的第一站。服务区为线上式，两栋综合楼相对布置靠近主线，用天桥相联系。主楼平面采用分隔式布置，但必要时可内部打通。建筑造型以平、坡顶相结合，高低错落，设置深色花岗岩处空架，对比强烈，简洁而明快。

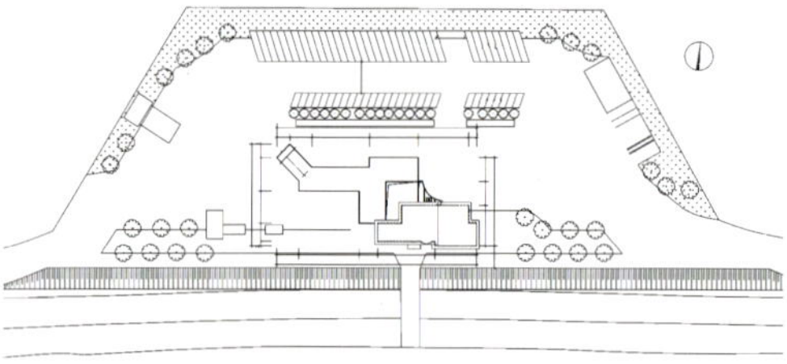

总平面

1- 餐厅；
2- 超市；
3- 卫生间；
4- 门厅；
5- 客房；
6- 厨房

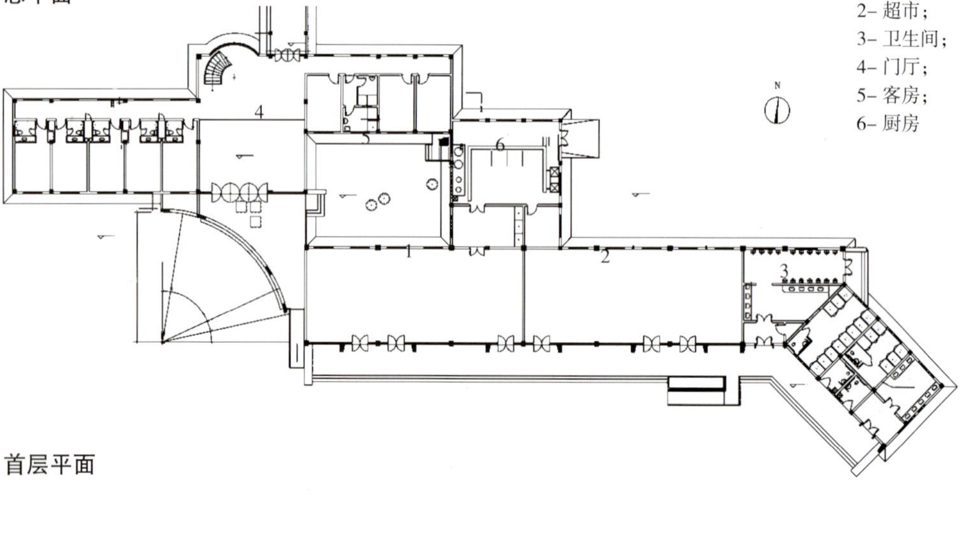

首层平面

外景

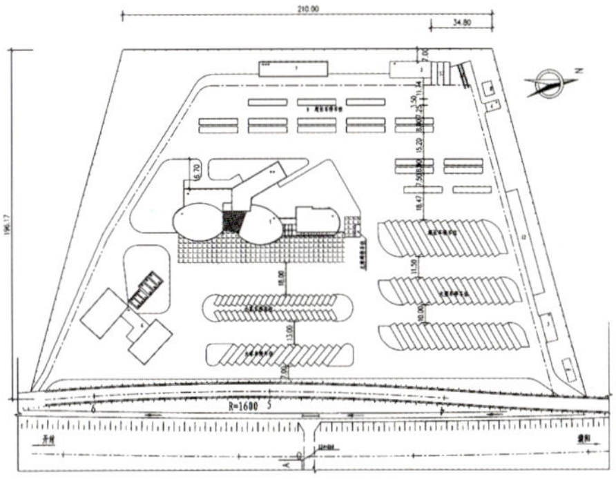

总平面

内景

封丘服务区

建造日期：2006 年

建筑面积：2640m²

大光线河南段服务区之一，两个椭圆形平面与覆盖玻璃天棚的门厅相结合。抛物线形的顶盖，由于网架的制作施工影响了曲线的造型，外墙以抓点玻璃围护。从首层的弧形楼梯可直接到设在夹层的餐饮部分。室内外空间渗透，空间感良好！

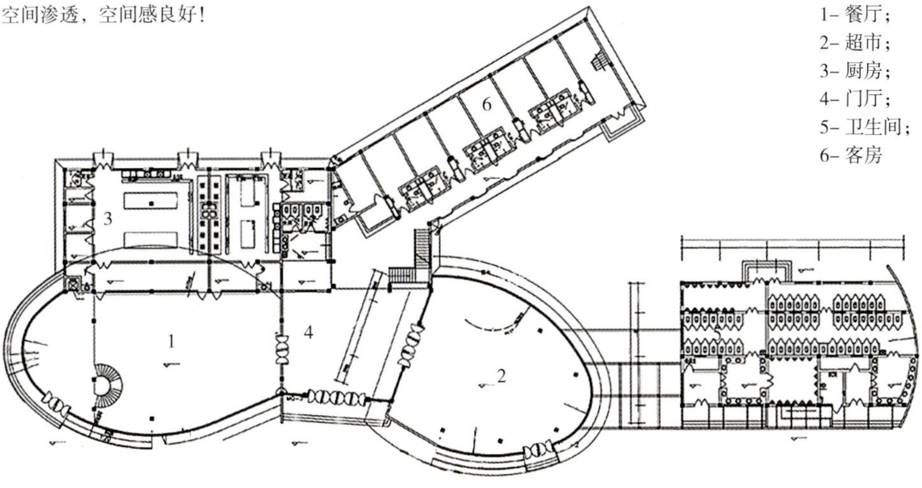

1- 餐厅；
2- 超市；
3- 厨房；
4- 门厅；
5- 卫生间；
6- 客房

首层平面

禹州服务区

外景 1

建造日期：2007 年 12 月　建筑面积：6500m²

公共卫生间——超市——门厅——餐饮一字形分隔排列。由门厅通向后排办公及住宿区。非对称的外观，坡顶造型，主次分明，色彩明快，但门窗形式划分较多。

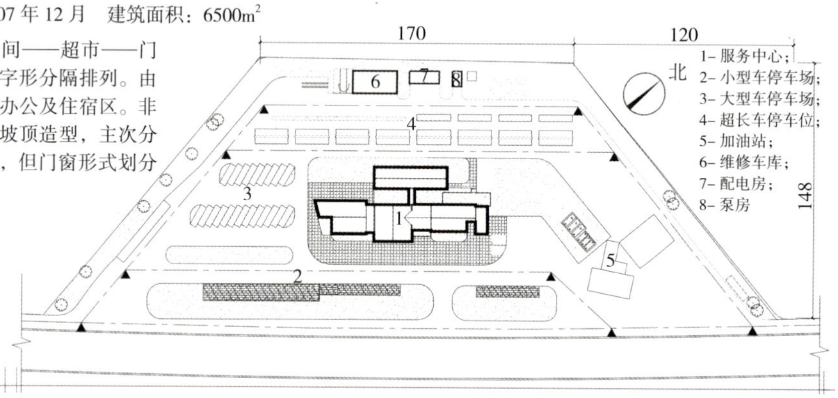

总平面

首层平面图

1- 超市；3- 操作间；5- 客房；
2- 餐厅；4- 门厅；6- 卫生间

外景 1

平顶山西服务区

外景 2

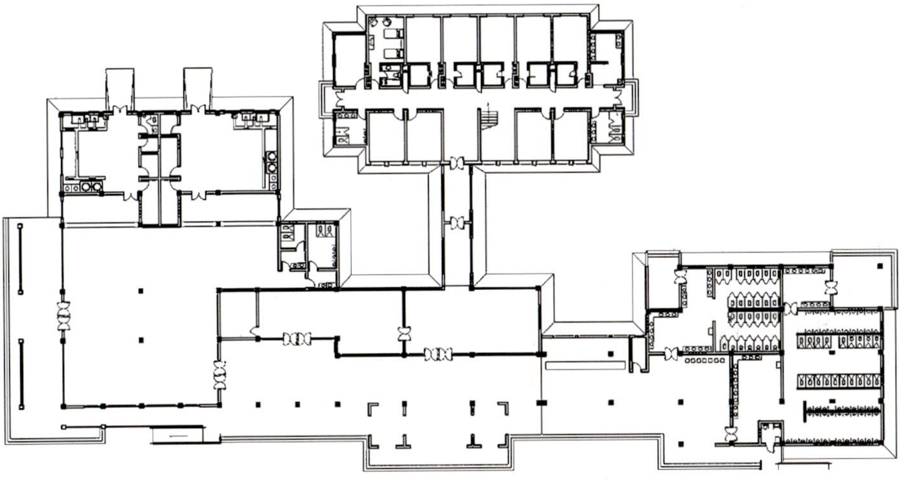

建筑面积：2982m²
建造日期：2009 年

首层平面

外景

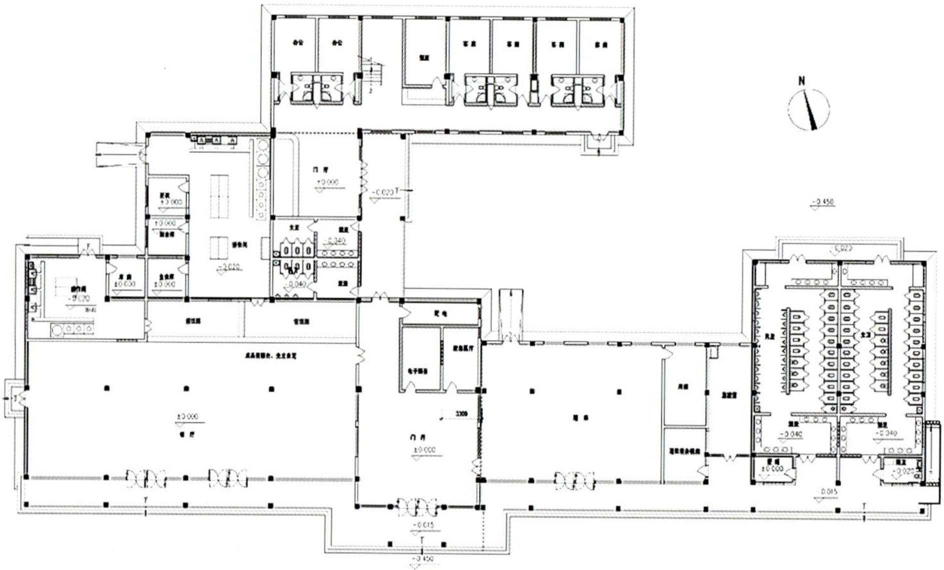

首层平面

郑尧线服务区

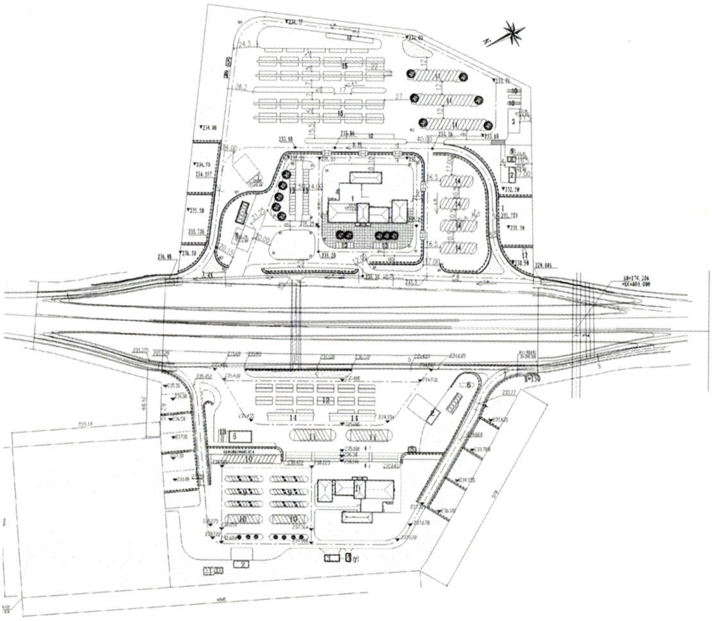

西侧：总建筑面积：3890m²
建造日期：2008 年
东侧：总建筑面积：3918m²
建造日期：2008 年

总平面

外景透视

宜兴太湖服务区

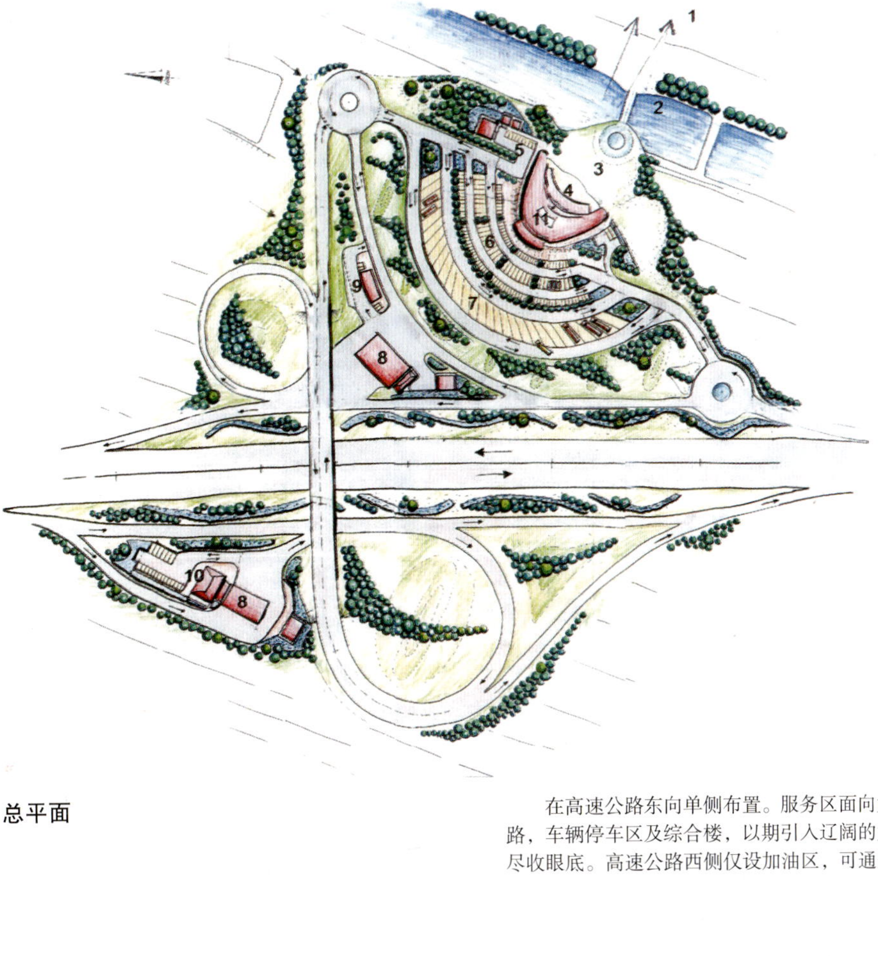

1- 太湖；
2- 人行桥；
3- 花园；
4- 石级；
5- 员工停车 / 设施；
6- 小型车停车场；
7- 大型车停车场；
8- 加油站；
9- 修理厂；
10- 商务中心；
11- 主体建筑

总平面

在高速公路东向单侧布置。服务区面向太湖呈同心圆状布置环路，车辆停车区及综合楼，以期引入辽阔的太湖景观，使湖光山色尽收眼底。高速公路西侧仅设加油区，可通过立交进入东服务区。

外景

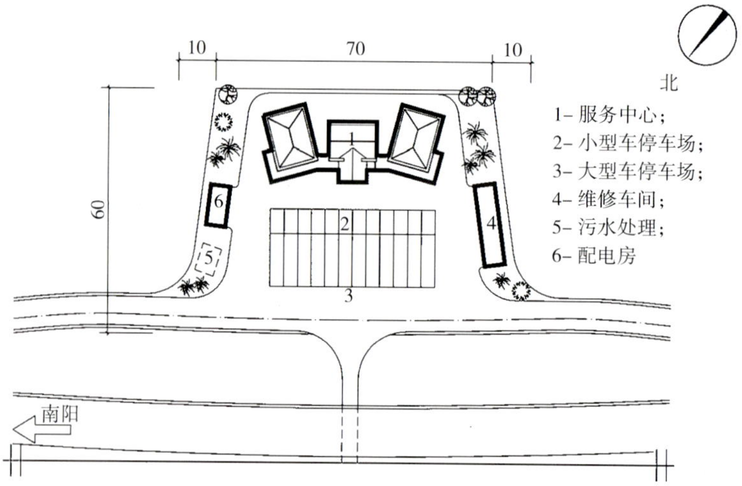

1- 服务中心；
2- 小型车停车场；
3- 大型车停车场；
4- 维修车间；
5- 污水处理；
6- 配电房

总平面

南阳停车区

建筑面积：535m²
建造日期：2008 年

南阳地区各线服务区建筑采用不同的造型。屋面为坡顶、蓝瓦、连廊对称布置具有一定的地方特色。

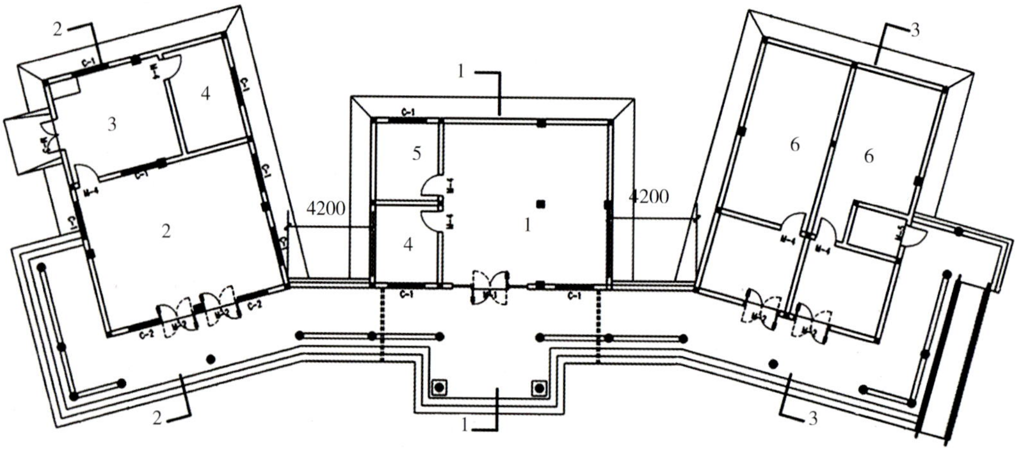

首层平面

1- 商场；3- 操作间；5- 办公；
2- 餐厅；4- 值班室；6- 卫生间

外景 1

外景 2

外景 3

西华停车区

建造日期：2008 年
建筑面积：636.6m^2

位于大（大庆）广（广州）线河南西华段，甲方要求打破传统坡顶。平面为一字形，以间隔式划分各部分使用要求，公共卫生间以庭院、连廊连接餐饮与超市，立面采用柱廊波形网架造型，以体现轻盈现代的设计风格。

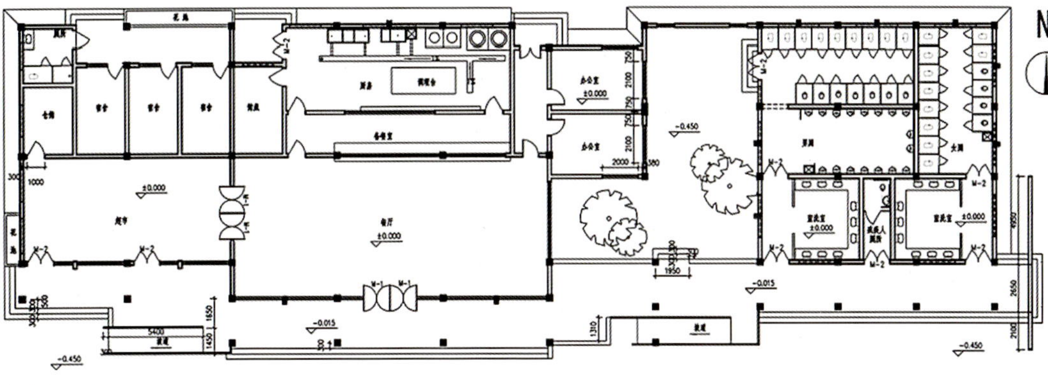

首层平面图

外景

西海服务区

辽宁省沈大（沈阳——大连）高速公路经改扩建于2004年9月竣工通车，对服务区的规划设计、综合楼进行了新的定位。西海服务区综合楼是沿线服务区中规模最大的一座建筑。

占地面积：326亩　汽修间：329 × 2m²

建筑面积：8286m²　加油站（每侧8罐8枪）：299 × 2m²

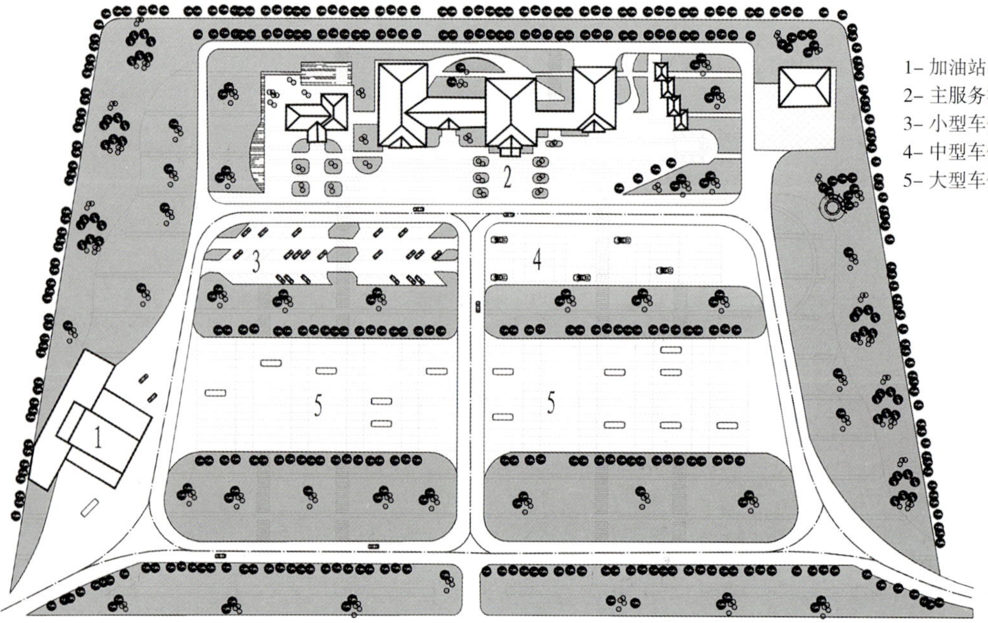

总平面

外景 1

外景 2

双侧采用不对称布置，一侧服务区综合楼正面面向高速路，背朝向风景秀丽的湖面，设置休闲观光平台，通过跨线斜拉桥通向对面停车区。桥的造型新颖，极具标志性。综合楼平面呈弯月形，空间通敞明亮，造型具有江南地方特色，色彩简洁明快。

宁杭高速东庐山服务区

1- 综合服务楼；
2- 加油站；
3- 汽车修理间；
4- 小车停车区；
5- 大车停车区；
6- 拖挂车停车区；
7- 景石；
8- 野餐区；
9- 跨线桥；
10- 标识站；
11- 休闲广场；
12- 栈桥；
13- 观水榭；
14- 湖

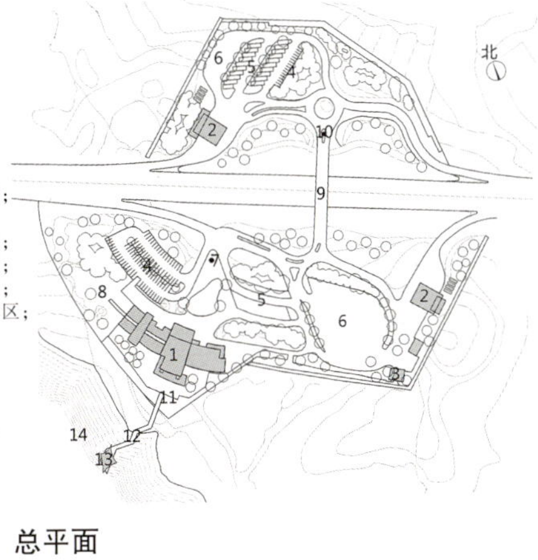

总平面

内景

天棚透视

总平面

外景

桂庄收费站

（英）伟信设计

收费广场紧邻一侧的收费站，飞机翼形的天棚顶，覆盖着两个部分（收费站与收费亭）形成整体，轻盈而呈动感，是通向南京机场地区的重要门户与标志。以期实现建筑与自然环境的融合。

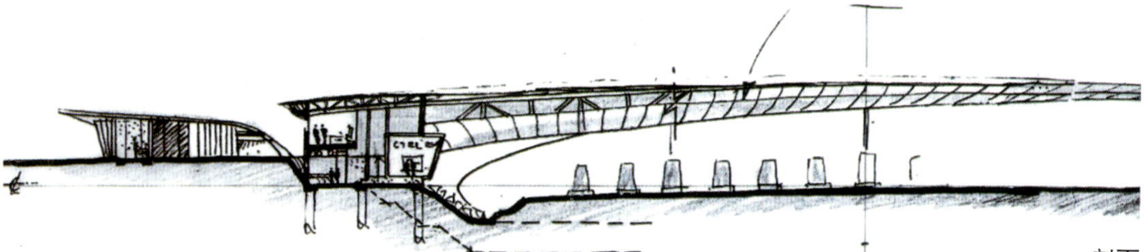

剖面

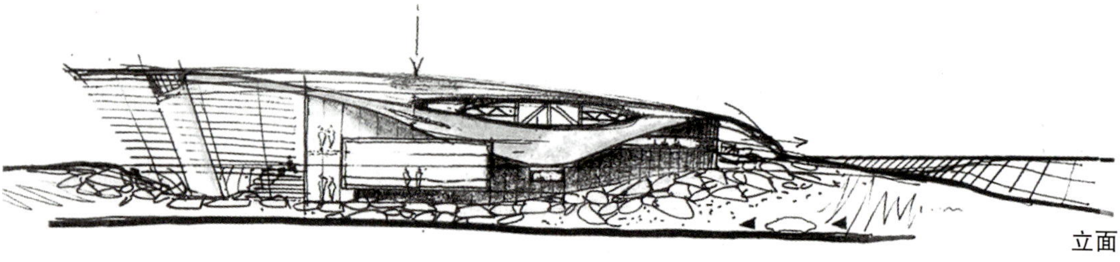

立面

外景 1

台湾东山服务区

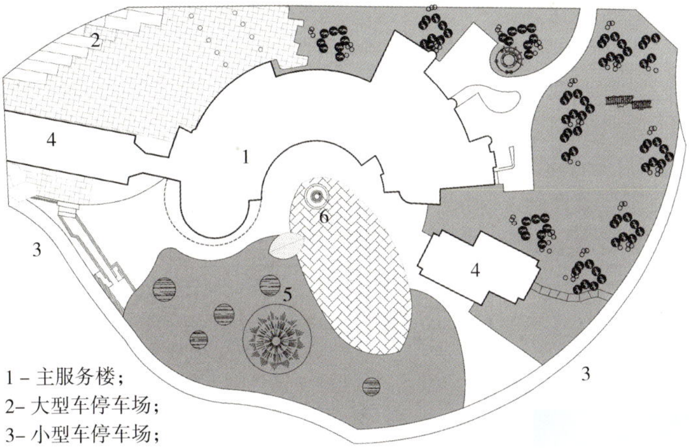

1 – 主服务楼；
2– 大型车停车场；
3– 小型车停车场；
4– 化妆室（卫生间）；
5– 榕树舞台；
6– 喷泉广场

总平面

这是目前台湾最大而且是景观绝佳的服务区，环形的综合楼内部“步行街式”的布局，称之为“树影大街”。公共卫生间独立布置，分布主楼两侧。区内其他命名的“湖岛幔亭”、“榕树舞台”、“荷花月池”、“林荫回廊”等构成了服务区与环境相融合的景点，尤以“万年榕树，千年山水”成为服务区景观中人与自然互动的核心。

正如服务区导游引言中描述：树，苍劲而飞扬；水，临池亲水沁心宜人；影，树影波光连接室内外；人，轻步慢行其中。

外景 2

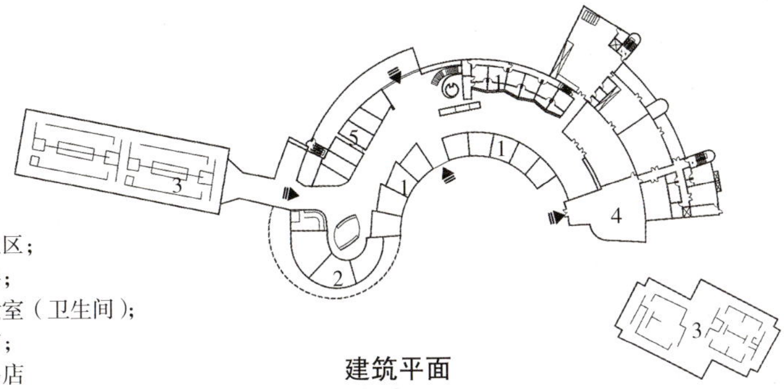

1– 小吃区；
2– 饮料；
3– 化妆室（卫生间）；
4– 超市；
5– 精品店

建筑平面

外景 1

鸟瞰

香港落马洲边境站设施扩建工程

外景 2

设计单位：王董建筑师事务所
建筑面积：约 292.879m²
建造日期：2003 年
建筑地点：香港新界

日益繁忙的香港边境通道之一，整体规划的主建筑群直线排列，使工程对现有交通运作的影响减至最低。分两期工程完成，第一期包括 26 个全新的海关及入境事务处车辆检查亭，检查亭上设悬臂式罩棚，管理人员在罩棚中设通道避免了人车交叉。标志清晰，极富动感。获 2004 年香港建筑学会年奖。

剖面

外景

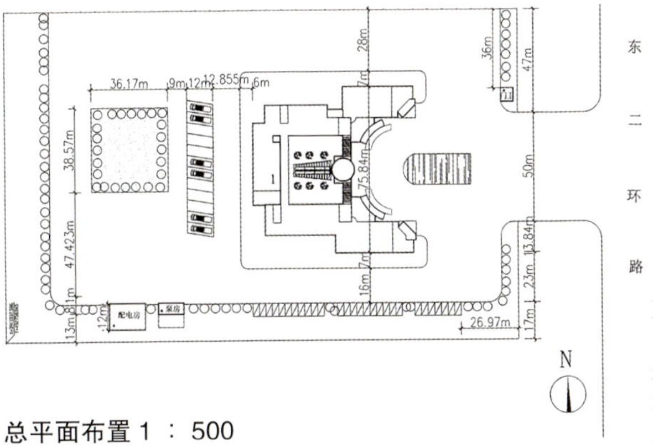

总平面布置 1 ： 500

新济运营管理中心

建造日期：2007 年　建筑面积：7207.60m^2

位于新乡市郊东二环路西侧，为济源——新乡段的运营、管理、办公、监控、住宿、餐饮服务中心，平面划分为办公、监控与住宿两大部分，对称布置，分设出入口，避免相互干扰。分区明确，通过中轴线主体底层架空进入院落至餐厅，突出幕墙圆柱体，加强了主楼的视觉中心。三层为大型监控室，外部的通透院落，结合入口门厅内部的回廊，丰富了内外空间的层次，别具一格。

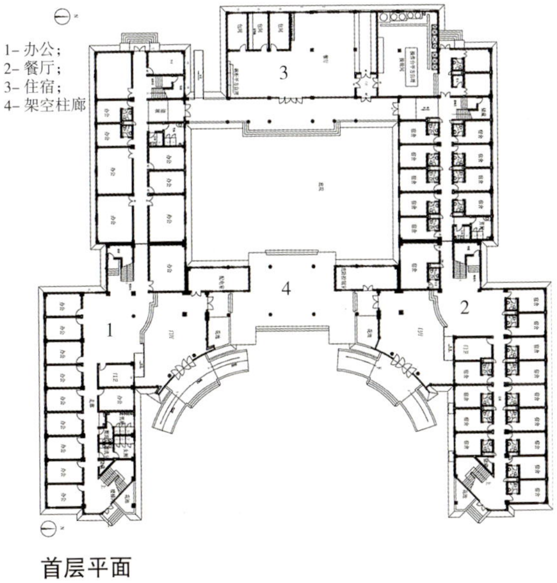

首层平面

内景

外景 1

山梨县立富士山旅游者之家（日本）

外景 2

外景 3

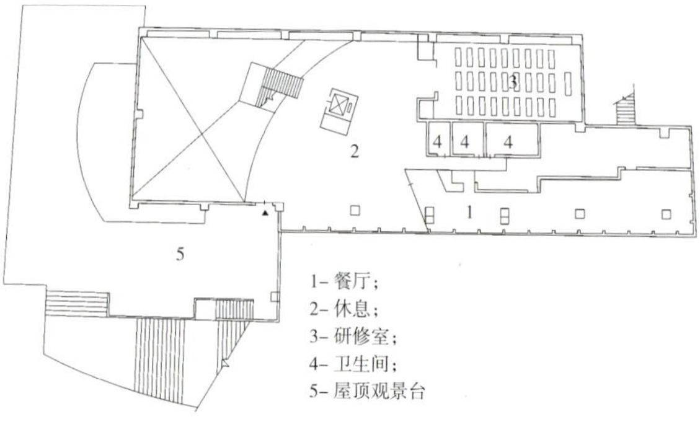

首层平面

外景

浜名湖服务区（日本）

内景

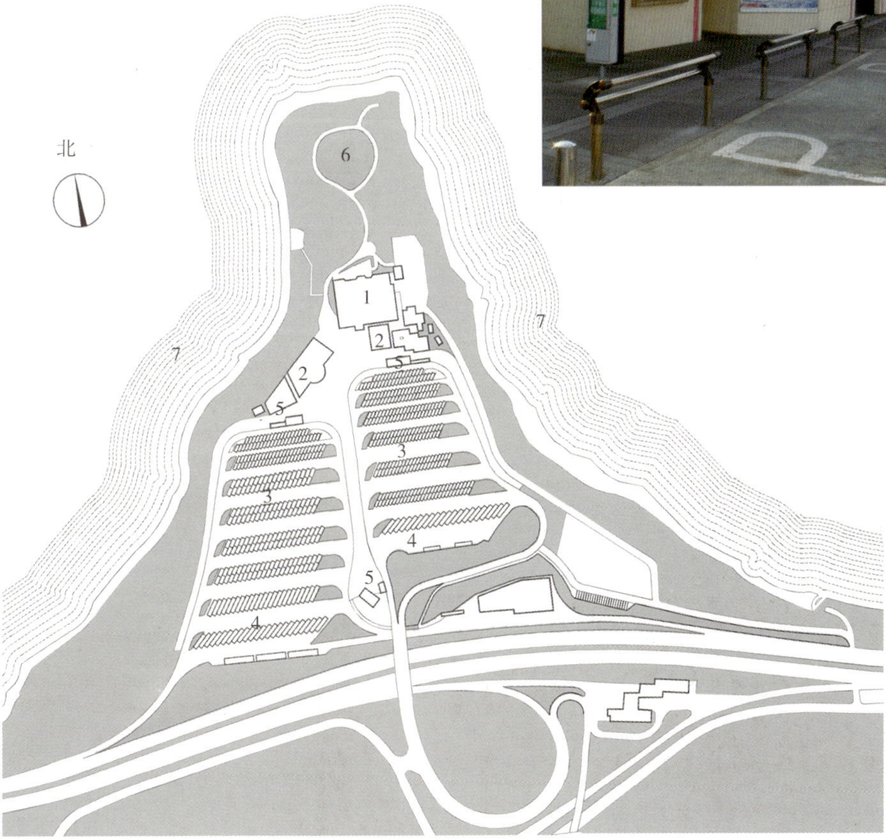

1- 主服务楼；
2- 休息室；
3- 小型车停车场；
4- 大型车停车场；
5- 卫生间；
6- 花圃；
7- 浜名湖

总平面

外景 1

足柄服务区（日本）

外景 2

1- 东馆；
2- 西馆；
3- 广场；
4- 大型车停车场；
5- 小型车停车场

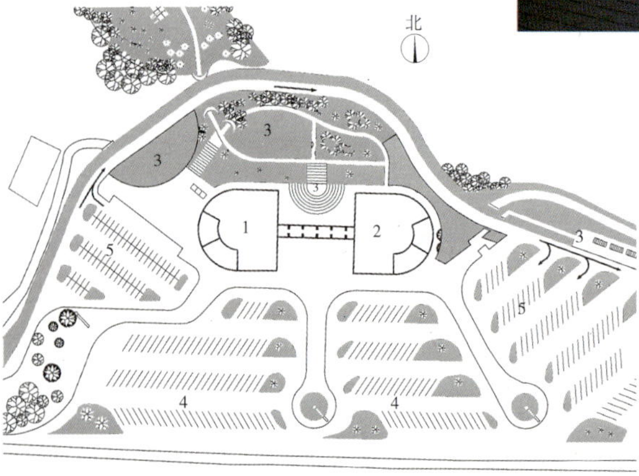

总平面

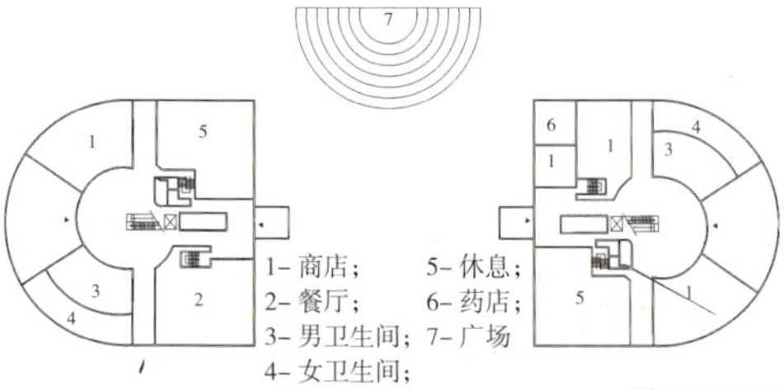

首层平面

鸟瞰

韩国 Muju 服务区

总用地面积：11000m²
总建筑面积：2938m²
建筑占地面积：2192m²
建筑密度：19.93%

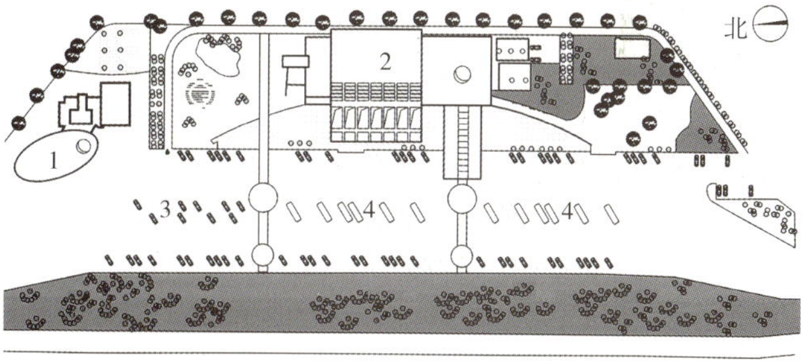

1- 加油站；　3- 小型车停车场；
2- 主服务楼；　4- 大型车停车场

总平面

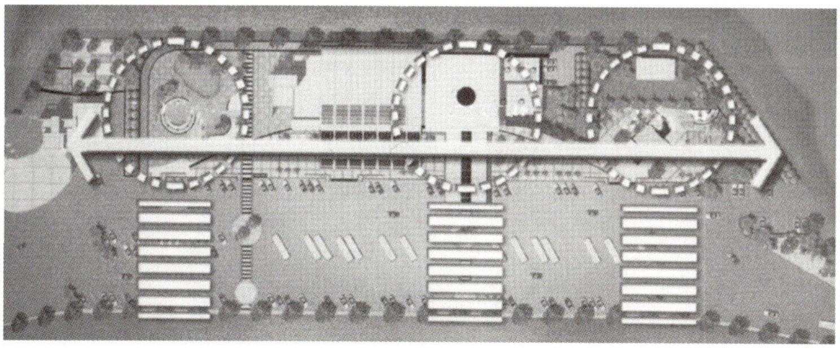

功能分析图

剖面

外景 1

1 号服务区（法国）

外景 2

外景 3

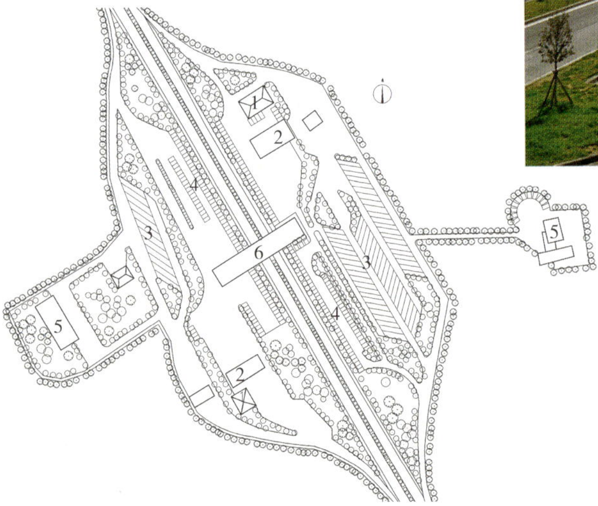

1- 加油服务中心；
2- 加油站；
3- 大型车停车场；
4- 小型车停车场；
5- 汽车旅馆；
6- 跨线综合服务中心

总平面

外景 1

外景 2

5 号服务区（法国）

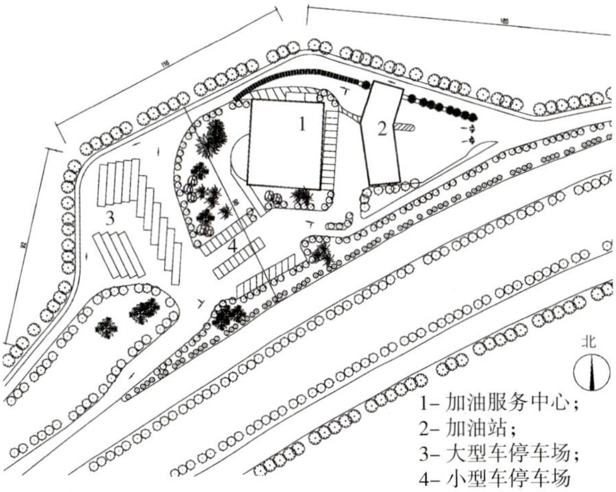

总平面

1- 休息厅；
2- 用餐区；
3- 办公；
4- 地台；
5- 超市；
6- 电视厅；
7- 卫生间；
8- 电话间；
9- 库房

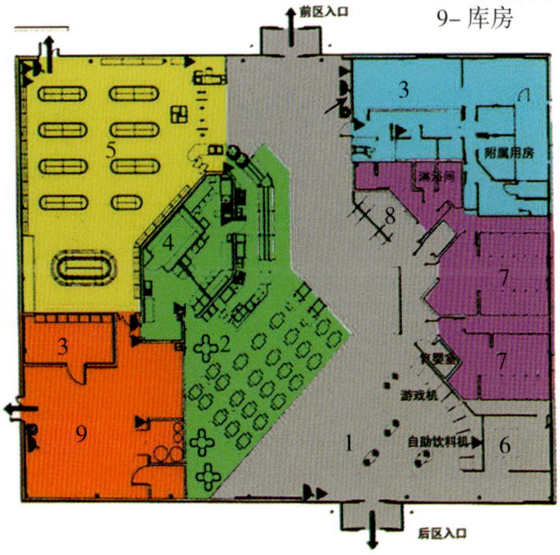

首层平面

内景 1

内景 2

外景 1

外景 2

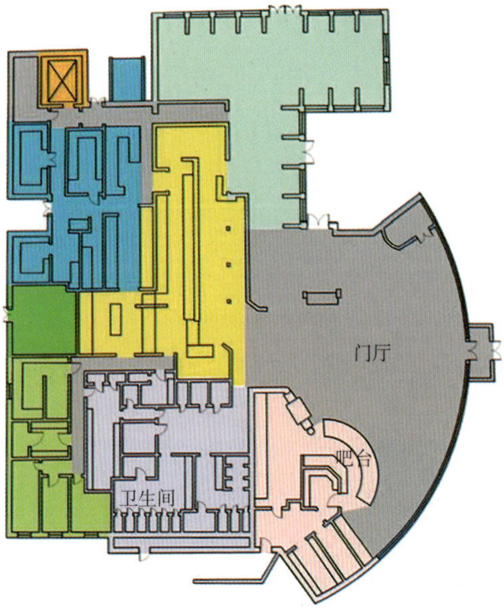

总平面

22 号服务区（法国）

建筑面积：$280m^2$（原建部分）

外景 1

欧洲 A2 号高速公路服务区（瑞士）

外景 2

鸟瞰

外景 1

A90 福斯湾收费站

在保障智能化收费站的设备运用的同时，结合收费站作为一个道路标志组合一起的天棚进行设计，天棚高度达 10m，使在 1 英里外就能看到，以 80T 钢材，屋顶面积达 $1820m^2$ 的格栅屋顶，夜晚从格网中散射出蓝色光芒，如同夜光般自然和谐。

共 7 个车道，一个临时车道，要求通行能力约 38000 辆 / 天，高峰期车流量超过 3500 辆 / 时，以膨胀金属板和玻璃强化塑胶构成的主材为屋面结构，保障了恶劣气候的安全要求。

外景 2

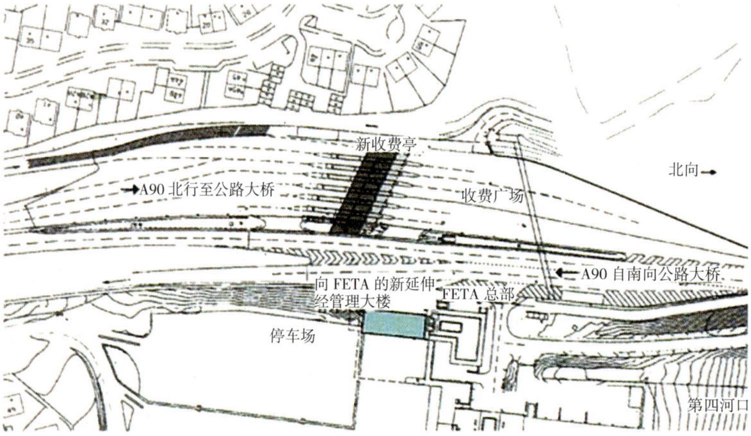

总平面

外景 1

布鲁塞尔服务区（比利时）

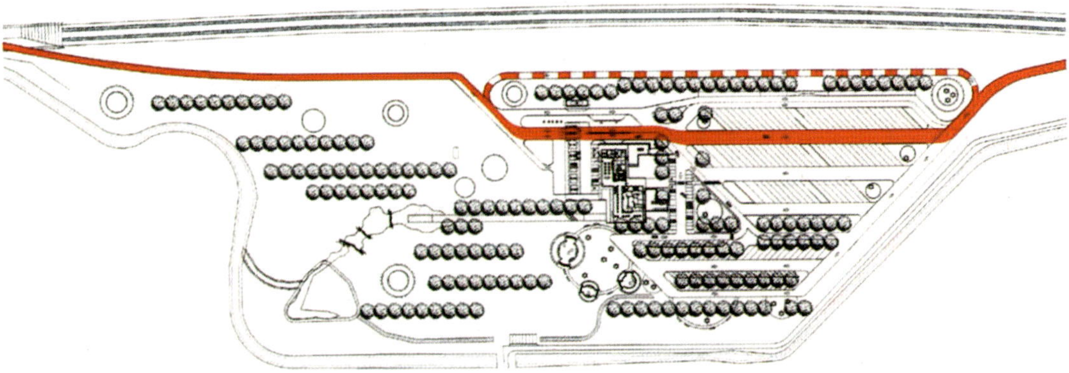

总平面

外景 2

外景 3

鸟瞰

欧洲 E19 号高速公路服务区（比利时）

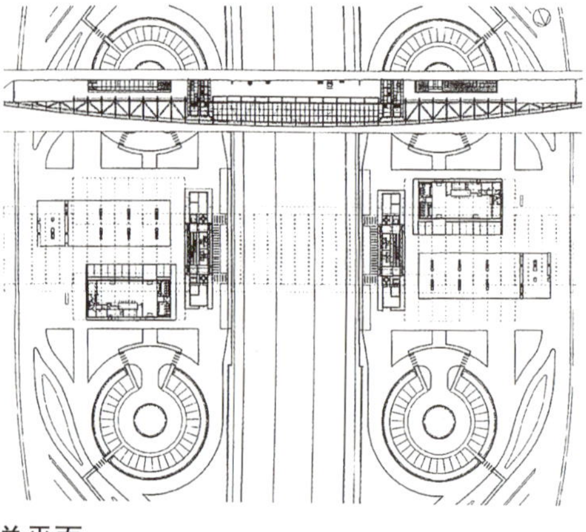

总平面

外景

电梯

鸟瞰

密西根边缘站（美国）

透视

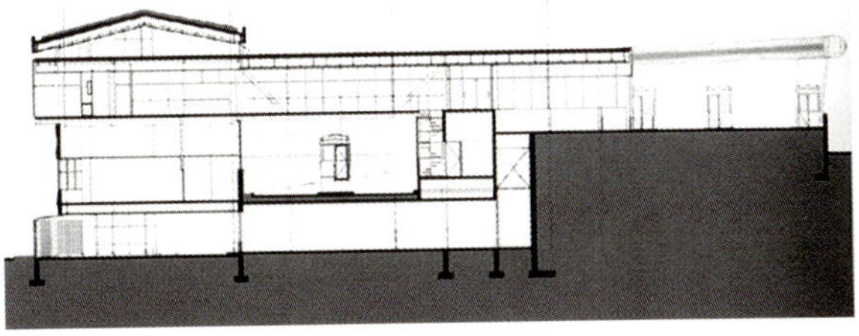

剖面

外景

外景 1

ODENSKOG 交通环岛
（瑞典）

高速公路进入城市的交通环岛，以浅浅的土堤和行列式种植的植被——东亚棠棣，大小六个与汽车体积相仿的雕塑灯，夜间以半透明状的发光体，装点城市的入口，加强了该地点的识别性与标志性。

外景 2

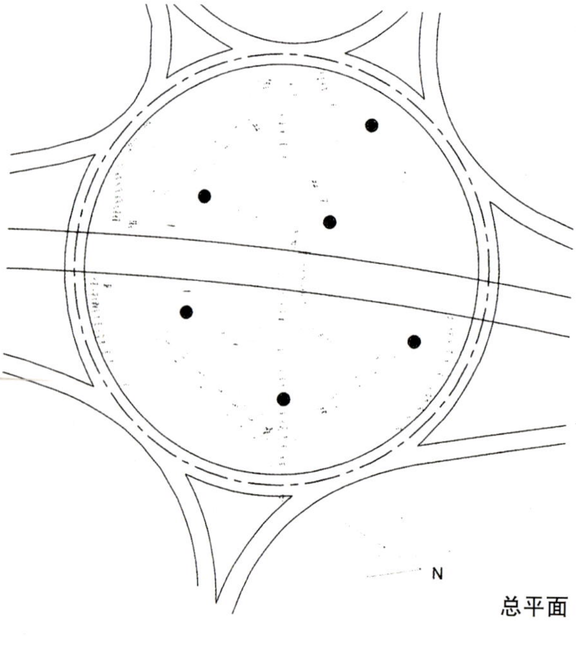

总平面

外景 1

A2 号高速公路声障（荷兰）

外景 2

外景 3

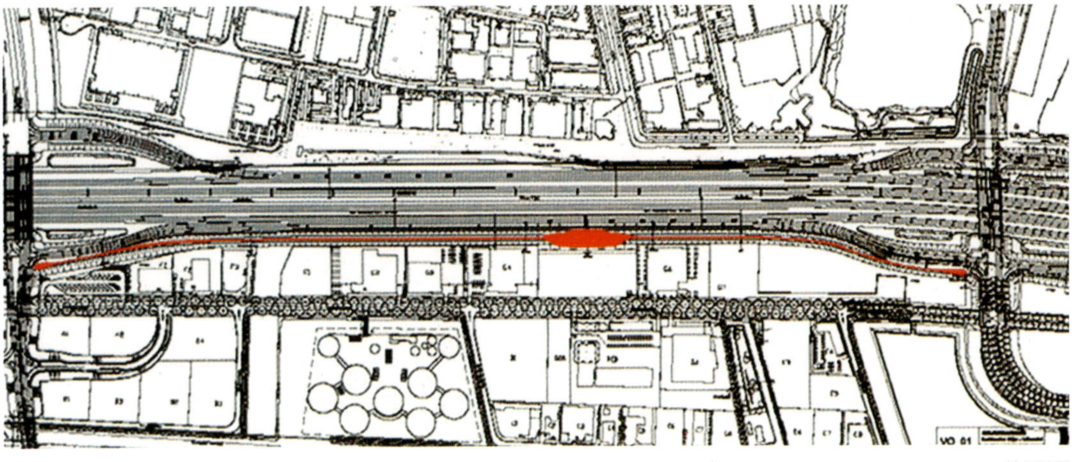

总平面

外景 1

波特兰加油站（美国）

细部

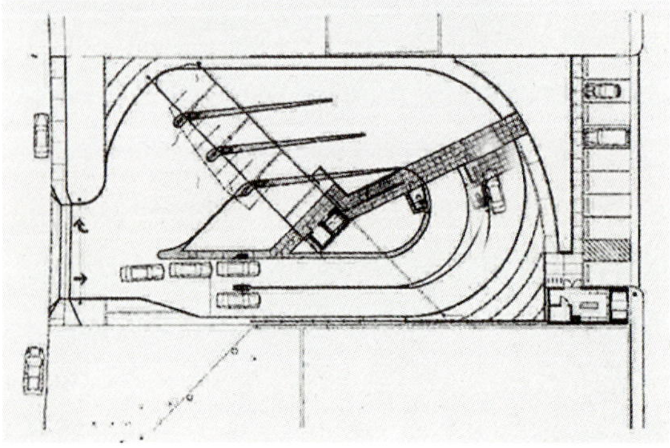

总平面

外景 2

外景 1

外景 2

薄荷海湾访客中心（塔斯梅尼亚）

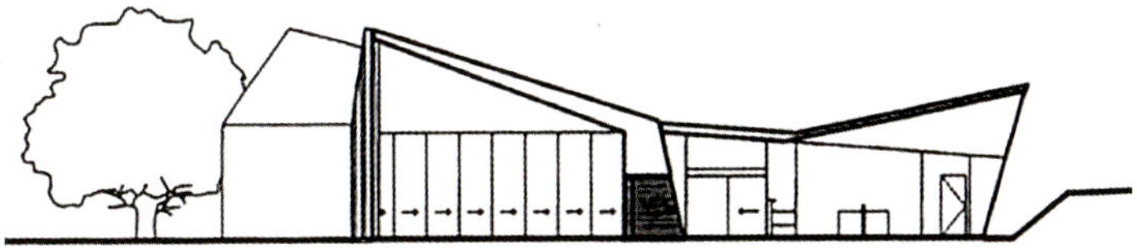

剖面

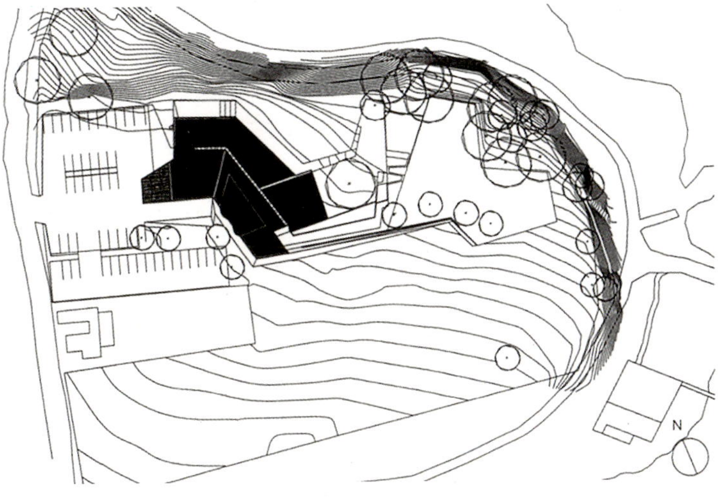

总平面

外景 1

曼斯菲尔德访问信息中心
（澳大利亚）

外景 2

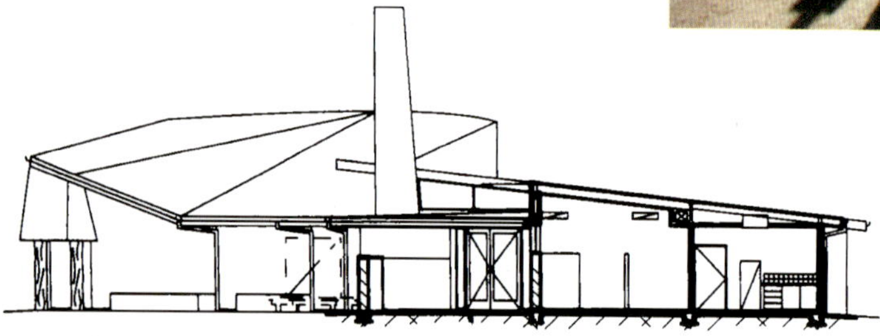

剖面

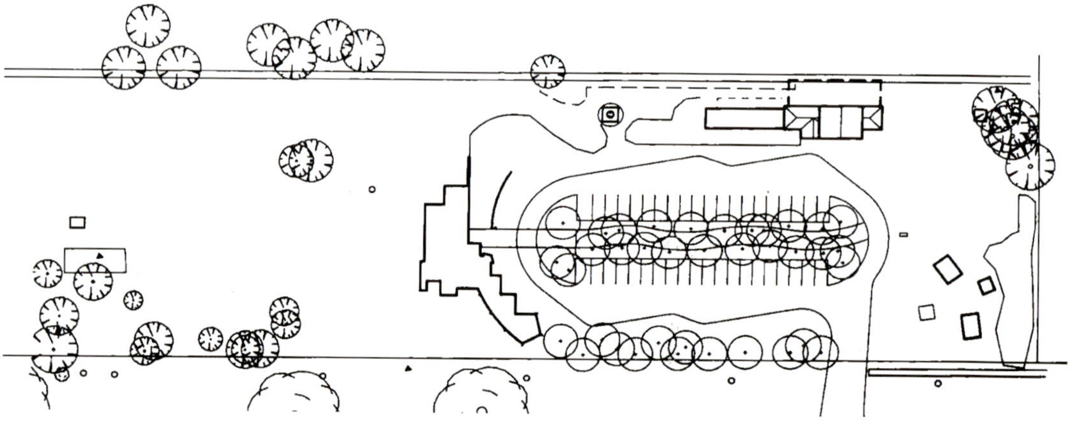

总平面

外景 1

加油站（美．洛杉矶）

位于城市边缘一角的加油站，其独特的折板式屋盖造型覆盖面积达 925m²，形成了新的地标。

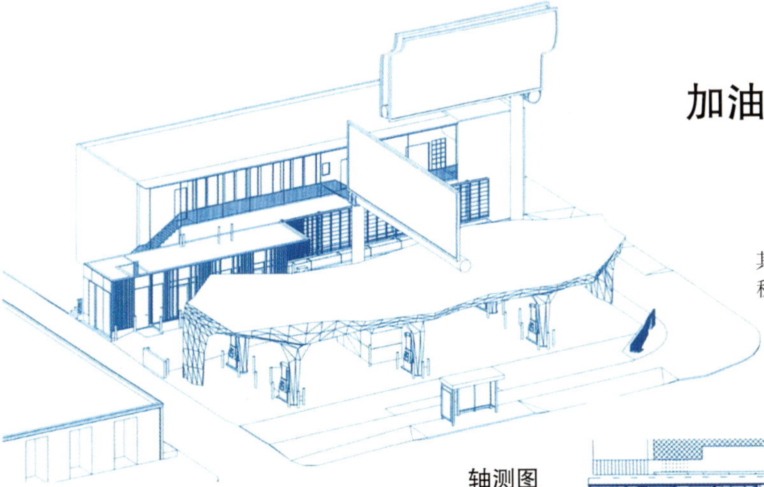
轴测图

外景 2

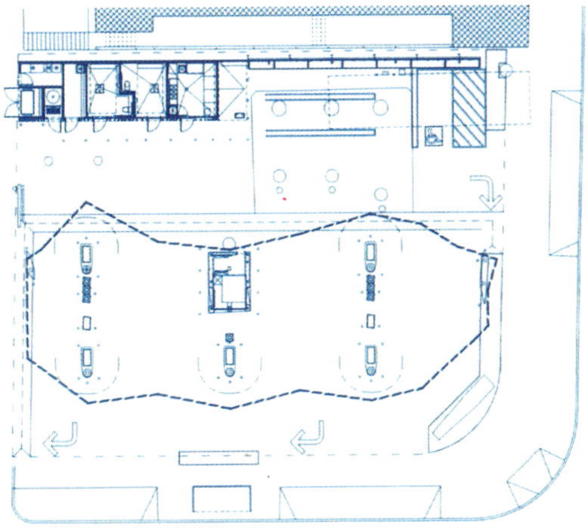
总平面

参考文献

1. 宗白华等著，中国园林艺术概观，江苏人民出版社，南京，1986.
2. 熊广忠，城市道路美学，中国建筑工业出版社，北京，1990.
3. 建筑设计资料集（第二版），中国建筑工业出版社 ，北京，1994.
4. 韩国建筑设计竞技年鉴，建筑世界（株），2001.
5. Scott Willson: 宁杭高速公路景观设计报告，2003.
6. 赵晓光，民用建筑场地设计，中国建筑工业出版社，北京，2004.
7. 顾馥保，建筑形态构成，华中科技大学出版社，武汉，2008.
8. 刘孔杰　崔洪军，高速公路服务区规划设计，中国建筑工业出版社，北京，2009.
9. 顾馥保，现代景观设计学，华中科技大学出版社，武汉，2010.
10. 克 · 范 · 乌菲伦编，刘晖等译，景观建筑设计资料集锦（Ⅰ）（Ⅱ），中国建筑工业出版社，北京，2010.
11. 1000 × European Architecture Liaoning Science and Technology Publishing House
12. Will Jones: New transport. Mitchell Beaglegy
13. 高速公路房建工程，有关设计暂行要求、标准
14. 建筑学报　各期
15. Philip Jodidio:Green Architecture Now!（Ⅰ）（Ⅱ），Taschen 2009